财务视角下的数据资产管理

许 晓 著

中国原子能出版社

图书在版编目（CIP）数据

财务视角下的数据资产管理 / 许晓著. -- 北京：
中国原子能出版社, 2024. 12. -- ISBN 978-7-5221
-3776-6

Ⅰ. TP274

中国国家版本馆 CIP 数据核字第 20248KA793 号

财务视角下的数据资产管理

出版发行	中国原子能出版社（北京市海淀区阜成路 43 号　100048）	
责任编辑	张　磊	
责任印制	赵　明	
印　　刷	北京厚诚则铭印刷科技有限公司	
经　　销	全国新华书店	
开　　本	787 mm×1092 mm　1/16	
印　　张	11.75	
字　　数	160 千字	
版　　次	2024 年 12 月第 1 版　2024 年 12 月第 1 次印刷	
书　　号	ISBN 978-7-5221-3776-6　　定　价　**78.00 元**	

前　言

在当今数字化时代，数据已成为企业最具价值的资产之一。它如同企业运营的血液，流淌在各个业务环节，驱动着决策、创新和竞争优势的建立。随着数据量呈爆炸式增长、数据来源日益多元化，数据资产管理成为企业不容忽视的关键领域。从财务视角审视数据资产管理，更是为企业挖掘数据价值、优化资源配置、衡量数据相关投资回报提供了独特而深刻的洞察。

在财务的维度下，数据不再仅仅是抽象的信息集合，而是具有明确成本、潜在收益和可衡量价值的资源。数据的获取、存储、处理、分析等环节都伴随着财务支出，这些成本如何合理分摊、控制和优化，是企业财务管理者面临的挑战。同时，数据资产所创造的价值，无论是直接的收入增长、成本降低，还是间接的市场竞争力提升、客户满意度增加，都需要通过财务的手段来精准量化和呈现。

随着数据量呈指数级增长、数据来源日益多元化，数据资产管理面临着前所未有的挑战。数据质量参差不齐、数据安全风险、数据存储与处理成本高昂等问题困扰着企业。然而，这也为企业带来了机遇。有效管理数据资产能够挖掘潜在商业价值，通过精准营销、风险预测、流程优化等应用为企业带来新的收入流和成本节约空间，而财务在此过程中扮演着关键角色，需要对数据资产进行准确地计量、评估和管理。

通过深入探究财务视角下的数据资产管理，将财务思维融入数据资产管理中，有助于企业明确数据资产在财务报表中的位置和价值，为投资者、管理层等利益相关者提供更准确的决策依据。财务部门能够通过合理的成本核算、收益评估方法，助力企业在数据资产投资、维护和利用方面做出明智选择，确保数据资产在企业战略发展中的有效运用，促进企业在数据驱动的市场环境中稳健前行。我们旨在为企业搭建一座连接数据世界与财务世界的桥梁，使企业能够更好地理解数据资产的财务内涵，运用财务工具和策略来管理和优化数据资产，从而在数据驱动的商业竞争中实现可持续发展，保障企业在数字经济浪潮中稳健前行。

在撰写本书的过程中，笔者查阅和借鉴了大量的相关资料，在此向这些资料的作者表示诚挚的感谢。此外，本书的撰写也得到了相关专家和同行的支持与帮助，在此一并致谢。由于笔者水平有限，加之时间仓促，书中难免出现纰漏，敬请广大读者批评指正。

▶ 目　录

第一章
财务管理概述

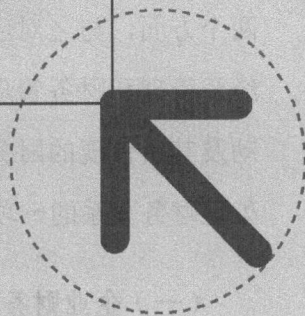

第一节　财务管理相关概念

一、财务管理的概念

任何企业的生产经营活动，都要运用人力、资金、物资与信息等各项生产经营要素，其活动包含生产经营的业务活动和财务活动两个方面，与之对应的，企业必然存在两种基本管理活动，即生产经营管理和财务管理。企业财务是指企业生产经营过程中的资金运动及其所体现的财务关系。因此，财务管理是组织企业财务活动、处理财务关系的一项经济管理工作。

（一）企业财务活动

资金是企业生产经营过程中商品价值的货币表现，其实质是再生产过程中运动着的价值。

企业资金运动过程是资金形态的不断转化及增值的过程，这一过程是通过一系列财务活动来实现的。财务活动是指资金的筹集、运用、耗费、收回及分配等一系列活动。其中，资金的运用、耗费、收回又被称为投资。

筹资活动是资金运动的前提；投资活动是资金运动的关键；分配活动是作为投资成果进行的，体现了企业投资与筹资的目标要求。

（二）企业财务关系

企业的财务活动是以企业为主体来进行的，企业作为法人在组织财务活动过程中，必然与企业内外部有关各方有着广泛的经济利益关系，这就是企业的财务关系。企业的财务关系可概括为以下几个方面：

1. 企业与政府之间的财务关系

政府作为国家的行政管理者，担负着维护社会正常秩序、保卫国家安全、组织和管理社会活动等任务。政府为完成这些任务，必然无偿参与企业利润的分配。企业则必然按照国家税法规定缴纳各种税款，包括所得税、流转税和计入成本的税金。这种关系体现为一种强制和无偿的分配关系。

2. 企业与投资者之间的财务关系

这主要是指企业的所有者向企业投入资本形成的所有权关系。企业的所有者主要有：国家、个人和法人单位。其具体表现为独资、控股和参股关系。企业作为独立的经营实体，独立经营，自负盈亏，实现所有者资本的保值与增值。所有者以出资人的身份，参与企业税后利润的分配，体现为所有权性质的投资与受资的关系。

3. 企业与债权人之间的财务关系

这主要是指债权人向企业贷放资金，企业按借款合同的规定按时支付利息和归还本金所形成的经济关系。企业的债权人主要有：

金融机构、企业和个人。企业除利用权益资金进行经营活动外，还要借入一定数量的资金，以扩大企业经营规模，降低资金成本。企业同债权人的财务关系在性质上属于债务与债权关系。在这种关系中，债权人不像资本投资者那样有权直接参与企业经营管理，对企业的重大活动不享有表决权，也不参与剩余收益的分配，但在企业破产清算时享有优先求偿权。因此，债权人投资的风险相对较小，收益也较低。

4. 企业与受资者之间的财务关系

这主要是指企业以购买股票或直接投资的形式向其他企业投资所形成的经济关系。随着市场经济的不断深入发展，企业经营规模和经营范围不断扩大，这种关系将会越来越广泛。企业与受资方的财务关系体现为所有权性质的投资与受资的关系。企业向其他单位投资，依其出资额，可形成独资、控股和参股关系，并根据其出资份额参与受资方的重大决策和利润分配。企业投资的最终目的是取得收益，但预期收益能否实现，也存在一定的投资风险。投资风险越大，要求的收益越高。

5. 企业与债务人之间的财务关系

这主要是指企业将资金以购买债券、提供借款或商业信用等形式出借给其他单位所形成的经济关系。企业将资金借出后，有权要求其债务人按约定的条件支付利息和归还本金。企业同其他债务人的关系体现为债权与债务关系。企业在提供信用的过程中，一方面会产生直接的信用收入；另一方面也会产生相应的机会成本和坏账损失的风险。因而企业必须考虑两者的平衡。

6. 企业内部各单位之间的财务关系

这主要是指企业内部各单位之间在生产经营各环节中相互提供产品或劳务所形成的经济关系。在企业内部实行责任预算和责任考核与评价的情况下，企业内部各责任中心之间相互提供产品与劳务，应以内部转移价格进行核算。这种在企业内部形成的资金结算关系，体现了企业内部各单位之间的利益均衡关系。

7. 企业与内部员工之间的财务关系

这主要是指企业向职工支付劳动报酬过程中所形成的经济关系。职工是企业的劳动者，他们以自身提供的劳动作为参加企业分配的依据。企业根据劳动者的劳动情况，用其收入向职工支付工资、津贴和奖金，体现了职工个人和集体对劳动成果的分配关系。

二、财务管理的内容

根据以上分析，财务管理是基于企业再生产过程中客观存在的财务活动和财务关系而产生的，是企业组织财务活动、处理与各方面财务关系的一项经济管理工作。企业筹资、投资和利润分配构成了完整的企业财务活动，与此相对应，企业筹资管理、投资管理、资金营运管理和利润分配管理便成为企业财务管理的基本内容。

（一）筹资管理

筹资管理是企业财务管理的首要环节，是企业投资活动的基础。

事实上，在企业发展过程中，筹资及筹资管理贯穿始终。无论在企业创立之时，还是在企业成长过程中追求规模扩张，甚至在日常经营周转过程中，都需要筹措资金。可见，筹资是指企业为了满足投资和用资的需要，筹措和集中所需资金的过程。在筹资过程中，企业一方面要确定筹资的总规模，以保证投资所需要的资金；另一方面要选择筹资方式，降低筹资的代价和减少筹资风险。

企业的资金来源按产权关系可以分为权益资金和负债资金。一般来说，企业完全通过权益资金筹资是不明智的，不能得到负债经营的好处。但负债的比例越大则风险也越大，企业随时可能陷入财务危机。因此，筹资决策的一个重要内容是确定最佳资本结构。

企业资金来源按使用的期限，可分为长期资金和短期资金。长期资金和短期资金的筹资速度、筹资成本、筹资风险以及借款时企业所受到的限制不同。因此，筹资决策要解决的另一个重要内容是安排长期资金与短期资金的比例关系。

（二）投资管理

投资是指企业资金的运用，是为了获得收益或避免风险而进行的资金投放活动。在投资过程中，企业必须考虑投资规模；同时，企业还必须通过投资方向和投资方式的选择，确定合理的投资结构，以提高投资效益、降低投资风险。投资是企业财务管理的重要环节。投资决策的成败，对企业未来经营成败具有根本性影响。

投资按其方式可分为直接投资和间接投资。直接投资是指将资金投放在生产经营性资产上，以便获得利润的投资，如购买设备、兴建厂房、开办商店等。间接投资又称证券投资，是指将资金投放在金融商品上，以获得利息或股利收入的投资，如购买政府债券、购买企业债券和企业股票等。

投资按影响的期限长短分为长期投资和短期投资。长期投资是指其影响超过一年的投资，如固定资产投资和长期证券投资。前者又称资本性投资。短期投资是指其影响和回收期限在一年以内的投资，如应收账款、存货和短期证券投资。短期投资又称流动资产投资或营运资金投资。由于长期投资的时间长、风险大，直接决定着企业的生存和发展，因此，在决策分析时更重视资金时间价值和投资风险价值。

投资按其范围分为对内投资和对外投资。对内投资是对企业自身生产经营活动的投资，如购置流动资产、固定资产、无形资产等。对外投资是以企业合法资产对其他单位或对金融资产进行投资，如企业与其他企业联营，购买其他企业的股票、债券等。

（三）资金营运管理

企业在日常生产经营过程中，会发生一系列的资金收付行为。首先企业采购材料；其次进行产品生产，并支付工资和其他营业费用；最后销售商品，收回资金。这一系列的日常经营活动称为资金营运活动。企业对资金营运活动管理的过程称为资金营运管理。

（四）利润（股利）分配管理

企业通过投资必然会取得收入，获得资金的增值。分配总是作为投资的结果而出现的，它是对投资成果的分配。投资成果表现为取得各种收入，并在扣除各种成本费用后获得利润，所以，广义的分配是指对投资收入（如销售收入）和利润进行分割和分派的过程，而狭义的分配仅指对利润的分配。利润（股利）分配管理就是要解决在企业缴纳所得税后获得的税后利润中，有多少分配给投资者，有多少留在企业作为再投资之用。如果利润发放过多，可能影响企业再投资能力，使未来收益减少，不利于企业长期发展；如果利润分配过少，可能引起投资者不满。因此，利润（股利）决策的关键是确定利润（股利）的支付率。影响企业股利决策的因素很多，企业必须根据情况制定出企业最佳利润（股利）政策。

第二节　财务管理目标

一、企业财务管理目标的选择

任何管理都是有目的的行为，财务管理也不例外。财务管理目标是企业财务管理工作尤其是财务决策所依据的最高准则，是企业财务活动所要达到的最终目标。

目前，人们对财务管理目标的认识尚未统一，主要有三种观点：利润最大化；股东财富最大化和企业价值最大化。

（一）利润最大化

这种观点认为，利润代表了企业新创造的财富，利润越多说明企业财富增加得越多，越接近企业的目标。

（1）利润最大化是一个绝对指标，没有考虑企业的投入与产出之间的关系，难以在不同资本规模的企业或同一企业的不同期间进行比较。

（2）没有区分不同时期的收益，没有考虑资金的时间价值。投资项目收益现值的大小，不仅取决于其收益将来值总额的大小，还受取得收益时间的制约。因为早取得收益，就能早进行再投资，进而早获得新的收益。利润最大化目标则忽视了这一点。

（3）没有考虑风险问题。一般而言，收益越高，风险越大。追求最大利润，有时会增加企业风险，但利润最大化的目标不考虑企业风险的大小。

（4）利润最大化可能会使企业财务决策带有短期行为，即片面追求利润的增加，不考虑企业长远发展。

（二）股东财富最大化

这种观点认为，股东作为公司的所有者，承担着公司全部风险，应享受企业的全部税后收益。因此，企业财务管理以实现股东财富最大化为目标。与利润最大化目标相比，股东财富最大化的主要优点在于：

（1）考虑了取得收益的时间因素和风险因素；

（2）股东财富最大化在一定程度上能够克服企业在追求利润上的短期行为，保证企业的长期发展。

（三）企业价值最大化

投资者建立企业的目的在于，创造尽可能多的财富。这种财富首先表现为企业的价值。企业价值的大小取决于企业全部财产的市场价值和企业潜在或预期获利能力。这种观点认为，企业价值最大化可以通过企业的合理经营，采用最优的财务决策，充分考虑资金的时间价值和风险与报酬的关系，在保证企业长期稳定发展的基础上，使企业总价值达到最大。这是现代西方财务管理理论普遍公认的财务目标，认为这是衡量企业财务行为和财务决策的合理标准。

企业是一个通过一系列合同或契约关系将各种利益主体联系在一起的组织形式。企业应将长期稳定发展摆在首位，强调企业在价值增长中满足与企业相关各利益主体的利益。企业只有通过维护与企业相关者的利益，承担起应有的社会责任（如保护消费者利益、保护环境、支持社会公众活动等），才能更好地实现企业价值最大化这一财务管理目标。

由于企业价值最大化是一个抽象的目标，在运用时也存在以下不足之处：

（1）非上市企业的价值确定难度较大。虽然通过专门评价（如资产评估）可以确定其价值，但评估过程受评估标准和评估方式的影响使估价不易客观和准确，从而影响企业价值的准确性与客观性；

（2）股票价格的变动除受企业经营因素影响之外，还受到其他企业无法控制的因素影响。

二、不同利益主体财务管理目标的矛盾与协调

企业从事财务管理活动，必然会与各个方面产生经济利益关系，企业财务关系中最为重要的关系是所有者与经营者、所有者与债权人之间的关系。企业必须处理、协调好这三者之间的矛盾与利益关系。

（一）所有者与经营者的矛盾与协调

企业是所有者的企业，企业价值最大化代表了所有者利益最大化。现代公司制中所有权与经营权完全分离，经营者不持有公司股票或持有部分股票时，其经营的积极性就会降低，因为经营者拼命干的所得不能全部归自己所有。一般经营者不愿意为提高股价而冒险，并想用企业的钱为自己谋福利，如坐豪华轿车、进行奢侈的出差旅行等，因为这些开支可计入企业成本由全体股东分担。甚至蓄意压低股票价格，以自己的名义借款买回，导致股东财富受损，自己从中获利。两者行为目标不同，必然导致经营者利益和股东财富最大化的冲突，即经理个人利益最大化和股东财富最大化的矛盾。

为了协调所有者与经营者的矛盾，防止经理背离股东目标，一般有以下两种方法。

1. 监督

经理背离股东目标的条件是，双方的信息不对称。经理掌握企业实际的经营控制权，对企业财务信息的掌握远远多于股东。为了协调这种矛盾，股东除要求经营者定期公布财务报表外，还应尽量获取更多信息，对经理进行必要的监督。但监督只能减少经理违背股东意愿的行为，因为股东是分散的，得不到充分的信息，做不到全面监督，也会受到合理成本的制约。

2. 激励

激励就是将经理的管理绩效与经理所得的报酬联系起来，使经理分享企业增加的财富，鼓励他们自觉采取符合股东目标的行为。如允许经理在未来某个时期以约定的固定价格购买一定数量的公司股票。股票价格提高后，经理自然获取股票涨价收益，或以每股收益、资产报酬率、净资产收益率以及资产流动性等指标对经理的绩效进行考核，以其增长率为标准，给经理以现金、股票奖励。但激励作用与激励成本相关，报酬太低，起不到激励作用；报酬太高，又会增加股东的激励成本，减少股东自身利益。可见，激励也只能减少经理违背股东意愿的行为，不能解决全部问题。

通常情况下，企业采用监督和激励相结合的办法使经理的目标与企业目标协调，力求使监督成本、激励成本和经理背离股东目标的损失之和最小。

除了企业自身的努力之外，外部市场竞争的作用，也促使经理把公司股票价格最大化作为其经营的首要目标。其主要表现在以下方面。

（1）经理人才市场评价

作为一种人力资源，经理人才的价值是由市场决定的。来自资本市场的信息反映了经理的经营绩效，公司股价高说明经理经营有方，股东财富增加，同时经理在人才市场上的价值也高，聘用他的公司会向他付出高报酬。此时经理追求利益最大的愿望便与股东财富最大的目标一致。

（2）经理被解聘的威胁

现代公司股权的分散使个别股东很难通过投票表决来撤换不称职的总经理，同时由于经理被授予了很大的权力，他们实际上控制了公司，股东看到他们经营企业不力、业绩欠佳而无能为力。20 世纪 80 年代以来，许多大公司为机构投资者控股，养老基金、共同基金和保险公司在大企业中占的股份，足以使他们有能力解聘总经理。由于高级经理被解聘的威胁会动摇他们稳固的地位，因而促使他们不断创新、努力经营，为股东的最大利益服务。

（3）公司被兼并的威胁

当公司经理经营不力或决策错误，导致股票价格下降到一定的水平时，就会有被其他公司兼并的危险。被兼并公司的经理在合并公司的地位一般都会下降或被解雇，这对经理利益的损害是很大的。因此，经理人员为保住自己的地位和已有的权力，会竭尽全力使公司的股价最高，这与股东利益是一致的。

（二）所有者与债权人的矛盾与协调

企业的资本来自股东和债权人。债权人的投资回报是固定的，而股东收益随企业经营效益而变化。当企业经营好时，债权人所得的固定利息只是企业收益中的一小部分，大部分利润归股东所有。当企业经营状况差陷入财务困境时，债权人承担了资本无法追回的风险。这就使所有者的财务目标与债权人渴望实现的目标发生矛盾。首先，所有者可能未经债权人同意，要求经营者投资于比债权人预计风险要高的项目，这会增加负债的风险。若高风险的项目一旦成功，额外利润就会被所有者独享；但若失败，债权人却要与所有者共同负担由此而造成的损失。对债权人来说风险与收益是不对称的。其次，所有者或股东未征得现有债权人同意，而要求经营者发行新债券或借新债，这增大了企业破产风险，致使旧债券或旧债的价值降低，侵犯了债权人的利益。因此，在企业财务拮据时，所有者和债权人之间的利益冲突加剧。

所有者与债权人的上述矛盾，一般可通过以下方式解决：

1. 限制性借款

它是指通过对借款的用途限制、借款的担保条款和借款的信用条件来防止和迫使股东不能利用上述两种方法剥夺债权人的债权价值。

2. 收回借款不再借款

它是指当债权人发现公司有侵蚀其债权价值的意图时，采取收回债权和不再给予公司重新放款的措施，从而保护自身的权益。

除债权人外，与企业经营者有关的各方都与企业有合同关系，都存在着利益冲突和限制条款。企业经营者若侵犯职工、客户、供应商和所在社区的利益，都将影响企业目标的实现。所以，企业是在一系列限制条件下实现企业价值最大化的。

第三节　财务管理工作环节

财务管理工作环节是指财务管理的工作步骤和一般程序。企业财务管理一般包括以下几个环节：

一、财务预测

财务预测是企业根据财务活动的历史资料（如财务分析结果），考虑现实条件与要求，运用特定方法对企业未来的财务活动和财务成果做出科学的预计或测算。财务预测是进行财务决策的基础，是编制财务预算的前提。

财务预测所采用的方法主要有两种：

一是定性预测，是指当企业缺乏完整的历史资料或有关变量之间不存在较为明显的数量关系时，由专业人员进行的主观判断与推测。

二是定量预测，是指企业根据比较完备的资料，运用数学方法，建立数学模型，对事物的未来进行预测。实际工作中，通常将两者结合起来进行财务预测。

二、财务决策

决策即决定。财务决策是企业财务人员按照企业财务管理目标，利用专门方法对各种备选方案进行比较分析，并从中选出最优方案的过程。它不是拍板决定的瞬间行为，而是提出问题、分析问题和解决问题的全过程。正确的决策可使企业起死回生，错误的决策可使企业毁于一旦，所以财务决策是企业财务管理的核心，其成功与否直接关系到企业的兴衰成败。

三、财务预算

财务预算是指企业运用科学的技术手段和数量方法，对未来财务活动的内容及指标进行综合平衡与协调的具体规划。财务预算是以财务决策确立的方案和财务预测提供的信息为基础编制的，是财务预测和财务决策的具体化，是财务控制和财务分析的依据，贯穿于企业财务活动的全过程。

四、财务控制

财务控制是在财务管理过程中，利用有关信息和特定手段，对企业财务活动所施加的影响和进行的调节。实行财务控制是落实财务预算、保证预算实现的有效措施，也是责任绩效考评与奖惩的重要依据。

五、财务分析

财务分析是根据企业核算资料，运用特定方法，对企业财务活动过程及其结果进行分析和评价的一项工作。财务分析既是本期财务活动的总结，也是下期财务预测的前提，具有承上启下的作用。通过财务分析，可以掌握企业财务预算的完成情况，评价财务状况，研究和掌握企业财务活动的规律，改善财务预测、财务决策、财务预算和财务控制工作，提高企业财务管理水平。

第四节 财务管理环境

财务管理环境是指对企业财务活动和财务管理产生影响作用的企业内外部的各种条件。环境分析可以提高企业财务行为对环境的适应能力、应变能力和利用能力，以便更好地实现企业财务管理目标。

企业财务管理环境按其存在的空间，可分为内部财务环境和外部财务环境。内部财务环境主要包括企业资本实力、生产技术条件、经营管理水平和决策者的素质四个方面。内部财务环境存在于企业内部，是企业可以从总体上采取一定的措施施加控制和改变的因素。外部财务环境存在于企业外部，它们对企业财务行为的影响无论是有形的硬环境，还是无形的软环境，企业都难以控制和改变，更多的是适应和因势利导。

一、法律环境

财务管理的法律环境是指企业和外部发生经济关系时所应遵守的各种法律法规和规章制度。

市场经济是一种法治经济，企业的一切经济活动总是在一定法律法规范围内进行的。一方面，法律提出了企业从事一切经济业务所必须遵守的规范，从而对企业的经济行为进行约束；另一方面，法律也为企业合法从事各项经济活动提供了保护。企业财务管理中应遵循的法律法规主要包括以下内容。

(一)企业组织法

企业是市场经济的主体，不同组织形式的企业所适用的法律不同。按照国际惯例，企业划分为独资企业、合伙企业和公司制企业，各国均有相应的法律来规范这三类企业的行为。因此，不同组织形式的企业在进行财务管理时，必须熟悉其企业组织形式对财务管理的影响，从而做出相应的财务决策。

(二)税收法规

税法是税收法律制度的总称，是调整税收征纳关系的法规规范。与企业相关的税种主要有以下几种：

（1）所得税类：企业所得税、个人所得税；

（2）流转税类：增值税、消费税、城市维护建设税；

（3）资源税类：资源税、城镇土地使用税、土地增值税；

（4）财产税类：房产税等；

（5）行为税类：印花税、车船税。

(三)财务法规

企业财务法规制度是规范企业财务活动，协调企业财务关系的法令文件。目前我国企业财务管理法规制度有企业财务通则、行业财务制度和企业内部财务制度三个层次。

（四）其他法规

其他法规如《中华人民共和国证券法》《中华人民共和国票据法》《中华人民共和国商业银行法》等。从整体上说，法律环境对企业财务管理的影响和制约主要表现在以下方面：

在筹资活动中，国家通过法律规定了筹资的最低规模和结构。如：《中华人民共和国公司法》规定，股份有限公司的注册资本的最低限额为人民币五百万元，规定了筹资的前提条件和基本程序。另外，《中华人民共和国公司法》对公司发行债券和股票的条件也做出了严格的规定。

在投资活动中，国家通过法律规定了投资的方式和条件。如：《中华人民共和国公司法》规定股份公司的发起人可以用货币资金出资，也可以用实物、知识产权、土地使用权等可以用货币估价并可以依法转让的非货币财产作价出资，规定了投资的基本程序、投资方向和投资者的出资期限及违约责任，企业进行证券投资必须按照《中华人民共和国证券法》所规定的程序来进行，企业投资必须符合国家的产业政策，符合公平竞争的原则。

在分配活动中，国家通过法律如《中华人民共和国税收征收管理法》《中华人民共和国公司法》《企业财务通则》及《企业财务制度》规定了企业成本开支的范围和标准，企业应缴纳的税种及计算方法，利润分配的前提条件、利润分配的去向、一般程序及重大比例。在生产经营活动中，国家规定的各项法律也会引起财务安排的变动或者说在财务活动中必须予以考虑。

二、经济环境

财务管理作为一种微观管理活动，与其所处的经济管理体制、经济结构、经济发展状况、宏观经济调控政策等经济环境密切相关。

（一）经济管理体制

经济管理体制，是指在一定的社会制度下，生产关系的具体形式以及组织、管理和调节国民经济的体系、制度、方式和方法的总称。它主要分为宏观经济管理体制和微观经济管理体制两类。宏观经济管理体制是指整个国家宏观经济的管理体系和制度，而微观经济管理体制是指一国的企业体制及企业与政府、企业与所有者的关系。宏观经济体制对企业财务行为的影响主要体现在，企业必须服从和服务于宏观经济管理体制，在财务管理的目标、财务主体、财务管理的手段与方法等方面与宏观经济管理体制的要求相一致。微观经济管理体制对企业财务行为的影响与宏观经济体制相联系，主要体现在如何处理企业与政府、企业与所有者之间的财务关系。

（二）经济结构

经济结构一般指从各个角度考察社会生产和再生产的构成，包括产业结构、地区结构、分配结构和技术结构等。经济结构对企业财务行为的影响主要体现在产业结构上。一方面，产业结构会在一定程度上影响甚至决定财务管理的性质，不同产业所要求的资金规模或投资规模不同，资本结构也不一样。另一方面，产业结构的调整和变动要求财务管理作出相应的调整和变动，否则企业日常财务运作艰难，难以实现财务目标。

（三）经济发展状况

任何国家的经济发展都不可能呈长期的快速增长之势，而总是表现为"波浪式前进，螺旋式上升"。当经济发展处于繁荣时期时，经济发展速度较快，市场需求旺盛，销售额大幅度上升。企业为了扩大生产，需要增加投资，与此相适应则需筹集大量的资金以满足投资扩张的需要。当经济发展处于衰退时期时，经济发展速度缓慢，企业的产量和销售量下降，投资锐减，资金时而紧缺、时而闲置，财务运作出现较大困难。另外，经济发展中的通货膨胀也会给企业财务管理带来较大的不利影响，主要表现在：资金占用额迅速增加；利率上升，企业筹资成本加大；证券价格下跌，筹资难度增加；利润虚增、资金流失。

（四）宏观经济调控政策

政府具有对宏观经济发展进行调控的职能。在一定时期，政府为了协调经济发展，往往通过计划、财税、金融等手段对国民经济总体运行机制及子系统提出一些具体的政策措施。这些宏观经济调控政策对企业财务管理的影响是直接的，企业必须按国家政策办事，否则将寸步难行。例如，国家采取收缩的调控政策时，企业的现金流入减少、现金流出增加，资金紧张、投资压缩；反之，当国家采取扩张的调控政策时，企业财务管理则会出现相反的情形。

三、金融市场环境

金融市场是指资金筹集的场所。广义的金融市场，是指一切资本流动（包括实物资本和货币资本）的场所，其交易对象为：货币借贷、票据承兑和贴现、有价证券的买卖、黄金和外汇买卖、办理国内外保险、生产资料的产权交换等。狭义的金融市场，一般是指有价证券市场，即股票和债券的发行、买卖市场。

（一）金融市场的分类

（1）按交易的期限分为短期资金市场和长期资金市场。短期资金市场是指期限不超过一年的资金交易市场，因为短期有价证券易于变成货币或作为货币使用，所以也叫货币市场。长期资金市场，是指期限在一年以上的股票和债券交易市场，因为发行股票和债券主要用于固定资产等资本货物的购置，所以也叫资本市场。

（2）按交易的性质分为发行市场和流通市场。发行市场是指从事新证券和票据等金融工具发行的市场，也叫初级市场或一级市场。流通市场是指从事已上市的旧证券或票据等金融工具买卖的转让市场，也叫次级市场或二级市场。

（3）按交易的直接对象分为同业拆借市场、国债市场、企业债券市场、股票市场和金融期货市场等。

（4）按交割的时间分为现货市场和期货市场。现货市场是指买卖双方成交后，当场或几天之内买方付款、卖方交出证券的交易市场。期货市场是指买卖双方成交后，在双方约定的未来某一特定的时日才交割的交易市场。

（二）金融市场与企业财务活动

企业从事投资活动所需要的资金，除了所有者投入以外，主要从金融市场取得。金融政策的变化必然影响企业的筹资与投资。所以，金融市场环境是企业最为主要的环境因素，它对企业财务活动的影响主要包括以下方面。

1. 金融市场为企业提供了良好的投资和筹资的场所

当企业需要资金时，可以在金融市场上选择合适的方式筹资；而当企业有闲置的资金时，又可以在市场上选择合适的投资方式，为其资金寻找出路。

2. 金融市场为企业长短期资金的相互转化提供方便

企业可通过金融市场将长期资金，如股票、债券，变现转为短期资金，也可以通过金融市场购进股票、债券等，将短期资金转化为长期资金。

3. 金融市场为企业财务管理提供有意义的信息

金融市场的利率变动反映资金的供求状况，有价证券市场的行情反映投资人对企业经营状况和盈利水平的评价。这些都是企业生产经营和财务管理的重要依据。

（三）我国主要的金融机构

1. 中国人民银行

中国人民银行是我国的中央银行，它代表政府管理全国的金融机构和金融活动，经理国库。

2. 政策性银行

政策性银行是指由政府设立，以贯彻国家产业政策、区域发展政策为目的，不以营利为目的的金融机构。目前我国有三家政策性银行：国家开发银行、中国进出口银行、中国农业发展银行。

3. 商业银行

商业银行是以经营存款、放款、办理转账结算为主要业务，以盈利为主要经营目标的金融企业。目前我国的商业银行有：国有独资商业银行、股份制商业银行。

4. 非银行金融机构

我国主要的非银行金融机构有：保险公司、信托投资公司、证券机构、财务公司、金融租赁公司。

（四）金融市场利率

在金融市场上，利率是资金使用权的价格，其计算公式为：

$$利率 = 纯利率 + 通货膨胀附加率 + 风险附加率$$

纯利率：没有风险和通货膨胀情况下的平均利率。在没有通货膨胀时，国库券的利率可以视为纯利率。

通货膨胀附加率：由于通货膨胀会降低货币的实际购买力，为弥补其购买力损失而在纯利率的基础上加上通货膨胀附加率。

风险附加率：由于存在违约风险、流动性风险和期限风险而要求在纯利率和通货膨胀之外附加的利率。其中，违约风险附加率是指为了弥补因债务人无法按时还本付息而产生的风险，由债权人要求附加的利率；流动性风险附加率是指为了弥补因金融资产流动性不好而产生的风险，由债权人要求附加的利率；期限风险附加率是指为了弥补因偿债期长而产生的风险，由债权人要求附加的利率。

第二章

数据资产管理的概述

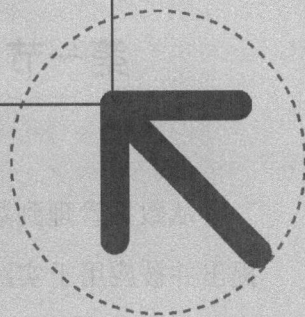

尽管数据资产管理的发展历程尚短，但业界和学术界对于数据资产及其管理的研究与实践热情却不容小觑，国内外有关数据资产管理的研究机构纷纷涌现，与之相关的研究文献不断发表，相关组织与企业也在具体实践中贡献出宝贵的经验，这些都对数据资产管理理论框架的扩充与完善具有重要意义。本章将综合多方研究成果，阐述数据资产管理的定义及其内涵，并对数据资产管理在政府、行业、企业方面的应用做出介绍。

第一节　数据资产管理的概念界定

从数据管理到数据治理再到数据资产管理，各种新概念不断被提出并被应用于实践。本节主要阐述数据资产管理的概念，明晰数据资产、数据管理、数据治理、数据资产管理等相关定义。

一、数据资产

在当前大数据背景下，数据作为基础性资源、生产资料已经得到世界范围内的广泛认同。数据作为重要的战略资源，它的价值被不断挖掘，数据已经成为一种新的资产，即数据资产。

（一）数据资产的概念演化

1974 年，"数据资产"术语最早由理查德·彼得斯提出，他认为数据资产包括持有的政府债券、公司债券和实物资产等。经过40 多年的发展，人们对于数据资产的认识在不断深入，数据资产的内涵与外延也在不断扩展。

1997 年，尤古尔·阿尔甘在《勘探开发数据银行分析：实用创建技术》中提到数据资产，认为"公司的市场价值和竞争定位直接关系到其数据资产的数量、质量、完整性以及由此产生的可利用性"，并指出"创建 E&P 数据库是利用好数据资产的第一步"。

2009 年，托尼·费希尔在《数据资产》中指出数据是一种资产，企业应该把数据作为企业资产来对待。同年，国际数据管理协会（DAMA）在《DAMA 数据管理知识体系指南》中指出在信息时代，数据被认为是一项重要的企业资产，每个企业都需要对其进行有效管理。

2011 年，世界经济论坛发布的《个人数据：一种新资产类别的出现》报告中指出个人数据正成为一种新的经济"资产类别"。

2013 年，数据资产被定义为"任何由数据组成的实体以及由应用程序提供的读取数据的服务；数据资产可以是系统或应用程序输出的文件、数据库、文档或网页等，也可以是从数据库返回单个记录的服务和返回特定查询数据的网站；人、系统或应用程序可以创建数据资产"。

2015 年 7 月，北京中关村成立国内首家开展数据资产登记确权赋值的服务机构——中关村数海数据资产评估中心，用于推动大数据作为资产的确权、赋值并促进交易等。

2016 年 4 月，在"全球首个数据资产评估模型发布暨中关村数据资产双创平台成立仪式"上，贵州东方世纪科技股份有限公司用数据资产进行"抵押"，拿到了贵州银行的第一笔"数据贷"放款，中关村数海数据资产评估中心与 Gartner 公司一起发布了全球首个数据资产评估模型。

2018 年 12 月，中国信息通信研究院云计算与大数据研究所发布的《数据资产管理实践白皮书（3.0 版）》中将数据资产定义为"由企业拥有或控制的，能够为企业带来未来经济利益的，以物理或电子的方式记录的数据资源，如文件资料、电子数据等"。但在企业中，并非所有的数据都构成数据资产，数据资产是能够为企业产生价值的数据资源。

国内学者关于数据资产的学术研究也在不断深入。郑英豪介绍了数据资产的特征，分析了数据资产管理的必要性以及数据资产的获取渠道及盈利途径，指出要对数据资产的获取渠道进行资产化管理以提升企业绩效。康旗等通过区分数据、数据资产和大数据，提出数据资产确认的条件，分析了数据资产的特征，并认为数据资产应按照无形资产进行核算。相关学者分析了数据资产的定义，并从数据来源、数据主体性质、产权归属等方面对数据进行了分类，提出了数据资产的特性以及影响数据资产价值的因素；综述了信息资产、数据资产、数字资产等概念的发展，提出了数据资产兼具有形资产和无形资产的特征，认为数据资产是拥有数据权属（勘探权、使用权、所有权）、有价值、可计量、可读取的网络空间中的数据集；综述了有关数据、经济、资源资本等多个衍生概念，并依据数据的属性，将相关概念统一为数据资源、数据资产、数据资本和数据经济。

关于数据资产，国内外的机构、学者说法各异，目前尚未有统一确定的概念，但综合来看，笔者认为中国信息通信研究院云计算与大数据研究所给出的定义较为全面、准确，即数据资产是由企业拥有或控制的、能够为企业带来未来经济利益的数据资源。其中"拥有或控制"是指不一定是企业在内部信息系统中拥有的数据资源，也有可能是通过合作等方式从外部获取使用权的数据形式；"能够带来未来经济效益"是指直接或间接使资金或现金等价物流向企业的潜力，这种潜力是将数据作为一种经济资源纳入企业经济活动的能力；"数据资源"是指数据资产的具体形态，表现为以物理或电子文件存在的数据。

（二）数据资产的相关特性

有学者提出数据具有物理属性、存在属性和信息属性。数据的物理属性是数据的数字形态、物理形态，是有形的；数据的存在属性是数据的感知性，数据在存在属性上能够被人感知到；数据的信息属性是数据的价值体现，数据可以没有价值，但作为数据资产的数据必须有价值。数据资产对应着数据的存在属性。

另外，一部分学者对于数据资产的定义多类比"资产"的定义。资产是指由相关主体（政府、企事业单位等）过去的交易或者事项形成的，由企业拥有或控制的，预期会给企业带来经济利益的资源。资产按照流动性可以划分为流动资产、长期资产、固定资产、无形资产和其他资产。资产主要具有以下几个方面的特征：① 资产预期会给相关主体带来经济利益或产生服务潜力；② 由相关主体拥有或控制的资源；③ 由过去的交易或者事项形成。

数据资产一方面具有数据的相关属性，与资产的特性相似；另一方面也存在自身独特的属性。综合来看，数据资产具有以下几点特性：① 可读取性，即数据资产的存在属性，不可读取意味着资产的不可见，那么价值就无法实现；② 无消耗性，数据资产的每次使用所需成本较低，不会因为使用频率的增加而磨损、消耗，与其他传统无形资产有相似性；③ 增值性，即企业通过稳定发展，促使数据资产在原有基础上，数据规模和数据维度不断积累，整体价值进一步提升；④ 依附性，与其他无形资产类似，数据资产不能独立发挥作用，其发挥作用和效应往往依附于相应的软件、硬件；⑤ 价值易变性，数据资产时刻受到数据容量、数据时效程度、应用场景等因素的影响，与其他无形资产相比，其价值更易发生变化。

二、数据管理

数据管理（Data Management）的概念是伴随着 20 世纪 80 年代数据随机存储技术和数据库技术的使用，计算机系统中的数据可以方便地存储和访问而提出的。此后多年，数据管理的实践活动与学术研究并行不悖。

（一）数据管理概念演化

传统来说，数据管理是指利用计算机硬件和软件技术对数据进行有效的收集、存储、处理和应用的过程，其目的在于充分有效地发挥数据的作用。传统数据管理经历了人工管理、文件系统、数据库系统三个发展阶段。其中，数据库系统中所建立的数据结构，更充分地描述了数据间的内在联系，便于数据修改、更新与扩充，同时保证了数据的独立性、可靠性、安全性与完整性，减少了数据冗余，提高了数据共享程度及数据管理效率。回顾这三个发展阶段，一方面反映了计算机技术的演进，存储、应用与管理数据的手段有了长足的进步；另一方面，也在数据共享、独立性、可靠性、安全性与完整性等方面更为高效。

随着信息技术的进步，数据管理进入一个新的阶段，即面向数据应用的数据管理。如果说传统的数据管理侧重的数据对象是流程、表单、数据项、算法等直接面向具体业务需求的数据；那么面向应用的数据管理所面对的数据对象，主要是那些描述构成应用系统构件属性的元数据，这些应用系统构件包括流程、文件、档案、数据元（项）、代码、算法（规则、脚本）、模型、指标、物理表、ETL过程、运行状态记录等。

国际数据管理协会（DAMA）是一个由全球性数据管理和业务专业志愿人士组成的非营利协会。自 1988 年成立以来，始终致力于数据管理的研究、实践和相关知识体系的建设，在数据管理领域积累了极为深厚的知识积淀和丰富经验，先后制定出版《DAMA 数据管理词典》和《DAMA 数据管理知识体系指南》（DAMA-DMBOK1.0或 DAMA-DMBOK2.0），集业界数百位专家的经验于一体。

国际数据管理协会（DAMA）对于新阶段的数据管理的概念是这样描述的：数据管理（Data Management，DM）是交付、控制、保护并提升数据和信息资产的价值，在其整个生命周期中制订计划、制度、规程和实践活动，并执行和监督。上述定义包含以下三层含义：① 数据管理包含一系列业务职能，包括政策、计划、实践和项目的计划和执行；② 数据管理包含一套严格的管理规范和过程，用于确保业务职能得到有效履行；③ 数据管理包含多个由业务领导和技术专家组成的管理团队，负责落实管理规范和过程。

（二）数据管理知识框架

2015 年，国际数据管理协会在 DMBOK2.0 知识领域将数据管理扩展为 11 个管理职能，分别是数据治理、数据架构、数据建模与设计、数据存储与操作、数据安全、数据集成与互操作、文件和内容管理、参考数据和主数据、数据仓库和商务智能、元数据、数据质量等。

DAMA-DMBOK2.0 数据管理框架（DAMA 车轮图）定义了数据管理知识领域，它将数据治理放在数据管理活动的中心，因为治理是实现功能内部一致性和功能之间平衡所必需的。其他知识领域围绕车轮分布。它们都是成熟数据管理功能的必要组成部分，但根据不同组织的需求，它们可能在不同的时间实现。

（三）国内数据管理模型

数据管理能力成熟度评估模型（Data Management Capability Maturity Assessment Model，DCMM）是在工信部、国家标准化管理委员会的指导下，由全国信息技术标准化技术委员会大数据标准工作组组织编写的国家标准，是我国首个数据管理领域的国家标准。DCMM 借鉴了国内外数据管理的相关理论成果，并结合了当前我国大数据行业的发展趋势，创造性地提出了符合我国企业的数据管理框架。这个框架将组织数据管理能力划分为八个能力域：数据战略、数据治理、数据架构、数据标准、数据质量、数据安全、数据应用和数据生存周期。

　　DCMM 的优点在于不只是理论和知识体系，而是可以直接应用的模型。为了进一步推进 DCMM 国家标准的落地实施，指导相关组织提升数据管理能力，全国信息技术标准化技术委员会大数据标准工作组在全国范围内组织开展了数据管理能力成熟度评估试点示范工作，涵盖金融、能源、互联网和工业等多个领域的 30 余家企事业单位。

三、数据治理

　　数据治理是一个正在不断发展的新兴学科，数据治理及相关标准体系的研究是国内外研究的热点之一。

（一）数据治理的概念

　　作为一个新兴学科，数据治理在不断地发展，与众多新兴学科一样，目前数据治理存在多种定义。以下是各大机构对于数据治理的相关定义。

　　国际数据管理协会（DAMA）在《DAMA 数据管理知识体系指南（原书第 2 版）》（DMBOK2.0）中关于数据治理的定义是：在管理数据资产过程中行使权力管控，包括计划、监控和实施。

　　数据治理研究所（DGI）认为数据治理是一个通过一系列信息相关的过程来实现决策权和职责分工的系统，这些过程按照达成共识的模型来执行，该模型描述了谁，能根据什么信息，在什么时间和情况，用什么方法，采取什么行动。

　　国际商业机器公司（IBM）认为数据治理是一门将数据视为一项企业资产的学科。数据治理是针对数据管理的质量控制规范，它将严密性和纪律性植入企业的数据管理、利用、优化和保护过程中。它涉及以企业资产的形式对数据进行优化、保护和利用的决策权力。它涉及对组织内的人员、流程、技术和策略的编排，以便从企业数据获取最优的价值。

除了专业机构，国内的学者对数据治理概念的研究也颇多。朱琳等认为数据治理是数据从基础层到可被智慧洞察运用的全局数据仓库的进化。许晓东等认为数据治理是对数据资产管理行使权力和控制的活动集合。张宁等认为数据治理是围绕数据资产展开的系列工作，以服务组织各层决策为目标，涉及有关数据管理的技术、过程、标准和政策的集合。

但总的来说，各方概念的界定较为模糊混乱，相关学者还未就数据治理的定义达成共识，很多研究也没有触及数据治理的本质。伴随着数据治理的不断发展，有关数据治理定义的探讨还将持续很长一段时间。

（二）数据治理的标准

1. 国际标准

2015 年，国际标准化组织 IT 服务管理和 IT 治理分技术委员会制定了 ISO/IEC 38500 系列标准，提出了 IT 治理的通用模型和方法论。在这一标准中，阐述了基于原则驱动的数据治理方法论，提出了通过评估现在和将来的数据利用情况，指导数据治理的准备及实施，并监督数据治理实施的符合性等。

2. 国内标准

GB/T 34960.5—2018《信息技术服务治理　第 5 部分：数据治理规范》（以下简称《数据治理规范》）是我国信息技术服务标准（ITSS）体系中的服务管控领域标准，该标准根据 GB/T 34960.1—2018《信息技术服务治理　第 1 部分：通用要求》中的治理理念，在数据治理领域进行了细化，提出了数据治理的总则、框架，规定了数据治理的顶层设计、数据治理环境、数据治理领域及数据治理过程的要求。该标准适用于数据治理现状的自我评估，数据治理体系的建立；数据治理领域和过程的明确；数据治理实施落地的指导；数据治理相关的软件或解决方案的研发、选择和评价；数据治理能力和绩效的内部、外部和第三方评价。

《数据治理规范》将数据治理划分为顶层设计、数据治理环境、数据治理领域和数据治理过程 4 大部分。顶层设计包括制定数据战略规划、建立组织和机制、建立数据架构等，是数据治理实施的基础；数据治理环境包括分析业务、市场和利益相关方的需求，适应内外部环境变化，营造企业内部数据治理文化，评估自身数据治理能力及驱动因素等，是数据治理实施的保障。数据治理领域则是数据管理体系和数据价值体系，是数据治理实施的对象；数据治理过程包括统筹和规划、构建和运行、监控和评价、改进和优化，是数据治理实施的方法。

《数据治理规范》开创性地把数据价值实现作为数据治理的核心目标，并通过数据价值体系明确了数据价值实现的方式，帮助企业实现数据驱动业务的战略转型。

（三）数据治理的发展

1. 国外数据治理的发展

自"数据治理"这一概念被首度提出以来，数据治理已在政府、企业、非营利性机构等中得到广泛的关注、研究与实践。数据作为企业宝贵的资产之一的认知已得到业界广泛认同。然而，目前企业的数据状态与数据管理水平并不匹配，普遍存在"重创造轻管理、重数量轻质量、重利用轻增值利用"的现象，在数据质量、服务创新、开放共享、安全合规、隐私保护以及伦理道德规范等方面面临着日益严峻的挑战。数据管理出现诸多问题，根本原因是在更深层面，即数据治理中出现混乱或缺失。

自 2012 年起，以欧洲、北美洲、日本和澳大利亚等为代表的地区和国家，高度重视数据治理工作，出台了多项政策予以支持与指导。综合各国的举措，政策发力点主要在于三个方面：一是开放数据，给予业界高质量的数据资源；二是在前沿及共性基础技术上增加研发投入；三是积极推动大数据的共享与应用。

2. 国内数据治理的发展

在中国，"大数据"早已上升到国家战略层面，大数据技术和应用对政府数字化治理和企业的智能化升级，都有着深刻的影响。近年来数据治理在国内的发展更偏向于实践应用，聚焦于数据治理工程项目的落地实施和技术工具的设计开发。在互联网、电信、能源等信息化较为成熟的行业中，早已在多年的实践中积累了丰富的数据治理经验。这些经验对于补充完善数据治理的理论体系、推进数据资产管理在各个行业的普及有着重要的指导意义。

中国信息通信研究院、中国通信标准化协会大数据技术标准推进委员会及诸多技术研究机构，通过白皮书、技术论坛和研讨会的形式，就数据治理相关的内容和目标、实施步骤、实践模式、技术工具及需要注意的要素等问题进行研讨，为政府和企业开展数据治理工作提供参考，为相关服务商和工具产品开发提供理论指导。

四、数据资产管理

"数据管理"的概念自 20 世纪 80 年代提出，距今已有 40 多年，"数据治理"的提法也有 20 年，而"数据资产管理"一词，在国内首次由中国数据资产管理峰会（DAMS）组委会正式提出，是近几年的新事物、新名词，但它却又是在数据管理、数据治理和数据资产化的基础上发展而来。

（一）数据资产管理概念

《数据资产管理实践白皮书（3.0 版）》中对于数据资产管理（Data Asset Management，DAM）的定义是：规划、控制和提供数据及信息资产的一组业务职能，包括开发、执行和监督有关数据的计划、政策、方案、项目、流程、方法和程序，从而控制、保护、交付和提高数据资产的价值。数据资产管理需要充分融合业务、技术和管理，以确保数据资产保值增值。

数据资产管理概念由数据管理的概念演变而来，并从理论体系、管理视角、管理职能和组织体系等方面发展了数据管理概念。

目前，数据管理形成了以国际数据管理协会（DAMA）、国际商业机器公司（IBM）和数据治理协会（DGI）这三个流派为代表的理论体系，但数据管理理论体系作为数据时代之前的产物，其视角仍是将数据作为信息管理，并未关注数据资产管理和数据价值释放，更多的是为了满足监管要求和企业考核。在数据资产化的大背景下，数据资产管理是在数据管理基础上的进一步发展，可以视作数据管理的升级版，主要区别在以下三个方面：一是数据管理的视角不同，数据资产管理强调数据是一种资产，基于数据资产的价值、成本、收益开展全生命周期的管理。二是管理职能有所不同，数据资产管理包含数据模型、元数据、数据质量、参考数据和主数据、数据安全等传统数据管理职能，同时整合数据架构、数据存储与操作等内容，将数据标准管理纳入管理职能，并针对当下应用场景、平台建设情况，增加了数据价值管理职能。三是管理要求有所升级，在"数据管理转向数据资产管理"的理念影响下，相应的组织架构和管理制度也有所变化，需要有更专业的管理队伍和更细致的管理制度来确保数据资产管理的流程性、安全性和有效性。

（二）数据资产管理的新要求

数据资产管理是对数据管理的扩充与提升，数据资产管理的核心是把数据对象作为一种全新的资产形态，并且以资产管理的标准和要求来加强相关体制和手段。数据资产管理将从以下几个方面提出新的管理要求。

（1）对数据资产管理职能部门的管理。主要是从组织架构、职能设置、规章制度、管理活动等方面进行设计规划，并落实管理动作，例如，审批流程的设置、决策过程的支持等。

（2）对数据资产信息及报告的管理。了解当前数据资产状态，在资产生命周期内规划采购活动、更新、更换和其他变更，同时做好相关预算活动，并为此建立资产档案，形成资产统计报告，做到真实、准确、及时、完整，有助于实行高效的动态管理。

（3）对数据资产形成及占用的管理。数据资产的形成主要来自IT活动的积累，随着数据开放和交易形式逐渐被社会接受，交易内容和规模也在不断丰富和扩大，数据资产的形成方式也更加多元化。同时，随着数据资产越来越受重视，如何妥善保护数据资产在转移过程中的信息安全问题得到解决，资产划拨、调配以及合作转移等各种流通形式也会越来越丰富，围绕此过程的管理手段也会逐渐完善。

（4）对数据资产保值增值的管理。要使数据资产最大化地创造未来经济利益，就要对数据资产进行保值增值。为此，要从运营角度控制数据资产，并将其与组织和财务信息结合，以进行战略性规划。

（5）对数据资产配置使用的管理。企业或组织拥有PB级别的数据规模，积累了十余年的业务数据，但仍从外部获取信息，使得内部业务分析师无法获取有效数据，不能利用数据进行数据挖掘分析进而优化业务流程、创新产品设计。这种类似长期闲置、低效运转和超标准配置的资产，需要进行针对性的调剂工作。

（6）对数据资产处置的管理。主要是指对数据资产使用权和拥有权的转移及核销，具体包括转让、出售、整合、共享、公用、归档、清除等内容。此外，数据资产处置管理，需要在监督执行程序、规范处理过程、强化结果管理、降低综合成本的基础上，予以有效落实。

（7）对数据资产评估与清查的管理。通常包括安全性、完整性和使用有效性的评价方法、评价标准和评价机制的建立。

第二节　数据资产管理的内涵

大数据体系定义为三层：大数据平台、数据资产管理、数据应用。其中大数据平台是大数据处理能力的体现，它不仅包括目前技术领域所关注的海量数据采集、存储、分布式计算、实时事件应对等，还要具备对各种格式类型的数据进行加工、处理、识别、解析等能力。数据应用则是业务价值实现层面。数据资产管理在大数据体系中的定位，它位于应用和底层平台中间，处于承上启下的重要地位。对上，支持以价值创造为导向的数据应用开发；对下，依托大数据平台实现数据全生命周期的管理。数据资产管理把数据资产在大数据处理的平台上进行有效管理，并且支持它围绕上层目标，更好地流动、分析和应用，甚至是数据间的开放互联等一系列过程。

数据资产管理主要包括两个重要方面：一是数据资产管理的核心管理职能；二是确保这些管理职能落地实施的保障措施，包括战略规划、组织架构、制度体系等。

一、数据资产管理的核心管理职能

数据管理职能是数据资产管理体系的主体，通过各个职能相互配合，有助于对数据进行标准化和规范化管理，提升数据质量，完善数据体系，记录追溯数据，打破数据孤岛，建立安全数据环境。数据管理职能包括数据标准管理、数据质量管理、元数据管理、主数据管理、数据模型管理、数据服务管理、数据安全管理和数据价值管理等 8 项管理职能。接下来，将对这 8 项管理职能展开详细介绍。

（一）数据标准管理

数据标准管理是指数据标准的制定和实施的一系列活动。企业或相关组织在开展数据标准管理工作时，首先需要对数据标准进行分类，并规定各数据标准类别下的基本单元及其属性。同时，应制定数据标准管理方法或相应的实施流程要求，开展评估数据标准管理效果等工作。

（二）数据模型管理

数据模型是对数据特征的抽象。数据模型管理是指通过在信息系统中用数据模型表示业务规则和逻辑的过程。企业或组织开展数据模型管理时，应明确业务体系和数据组织结构，通常业务体系由概念模型和逻辑模型表示，数据组织结构由物理模型表示。同时企业或组织应制定数据模型管理方法和实施流程要求，统一管控企业数据模型，确保数据模型的落地。

（三）元数据管理

元数据管理是指通过对描述数据的数据进行管理，以实现对数据全生命周期管控的过程。企业在开展元数据管理时，应对元数据进行分类，通常分为技术元数据、业务元数据以及管理元数据，分别对应数据涉及的技术领域、业务领域以及管理领域，确保元数据覆盖的全面性。同时，企业应开发和维护元数据标准，进而对元数据进行分析。

（四）主数据管理

主数据是指描述企业核心业务实体的数据，用以协调和管理与企业的核心业务实体相关的系统记录数据。企业在开展主数据管理时，应筛选具有核心业务属性的数据作为主数据，明确多业务系统共用数据的唯一可靠来源，并充分利用数据标准、数据质量规则、数据模型等已有的数据资产管理成果。同时，企业应实施主数据解决方案，监控主数据变化。

（五）数据质量管理

数据质量管理是指运用各种技术衡量、提高和确保企业数据质量的规划、实施与控制等一系列活动。企业在开展数据质量管理时，应明确数据质量评价指标，通常包括完整性、一致性、唯一性、规范性、时效性等，在不同的应用场景下，数据质量评价指标有所扩展。同时，企业应持续测量和监控数据质量，分析数据质量问题的原因，制定数据质量改善方案。

（六）数据安全管理

数据安全管理贯穿数据采集、传输、存储、处理、交换、销毁的数据生命全周期的各个阶段。数据安全管理是指对数据进行安全分级分类等操作，确保数据全生命周期管理和数据共享使用的安全合规性。从数据安全管理的全局考虑，企业或相关组织需要引入数据安全风险评估方法论和技术措施，制定数据应急保障流程和方法，以便在发生数据安全事件时可以进行风险控制。

构建数据安全体系框架，就是要在符合政策法规及标准规范的同时，还需要在技术上实现对数据的实时监管，并配备经过规范培训的安全组织与人员。

（七）数据价值管理

数据价值管理是指为了提升数据价值，通过量化数据应用价值和数据管理成本来优化数据价值的过程。企业在开展数据价值管理时，应确定数据存储、计算和运维的成本预算，明确数据成本和收益的具体计量指标，制定降低数据成本和提升数据价值的策略，持续评估数据价值，并改进评估方案。

（八）数据共享管理

数据共享管理主要是指开展数据共享和交换，实现数据内外部价值的一系列活动。

数据共享管理包括数据内部共享（企业内部跨组织、部门的数据交换）、外部流通（企业之间的数据交换）、对外开放。数据内部共享的关键步骤是打通企业内部各部门间的数据共享瓶颈，建立统一规范的数据标准与数据共享制度，数据外部流通和对外开放可以通过数据直接交易与提供数据分析信息这两种方式实现，将数据中符合共享开放层级的信息作为应用商品，以合规安全的形式完成共享交换或开放发布。目前来看，拥有海量数据是企业开展数据资产运营的前提条件，在数据流通环境下，数据资产运营流通职能的服务对象包括数据提供者、数据消费者、数据服务者和数据运营者四类角色。

数据共享管理的关键活动包括：定义数据资产内部共享和运营流通监控指标；设计数据资产内部共享和运营流通管理方案；制定数据资产内部共享和运营流通管理办法和实施流程要求；监控数据资产内部共享和运营实施；监督落实数据内部共享与外部流通等合规性管理要求；分析内部共享与运营流通指标，评价运营效果并改进。

二、核心职能落地实施的保障措施

数据资产管理的保障措施可以从战略规划、组织架构、制度体系、审计机制和培训宣贯五方面展开。

（一）制定战略规划

从管理层、领导层出发，自上而下全局部署数据资产管理规范，从而形成全面的标准规则体系和执行调度流程。战略规划是数据资产管理成为企业战略核心任务应用的重要部分，是数据资产得到一定程度内外部应用的指导蓝图。值得一提的是，越来越多的企业单位在战略规划阶段决议成立专门的数据管理部门，以连通 IT 部门和业务部门。

（二）完善组织架构

典型的组织架构主要由数据资产管理委员会、数据资产管理中心和各业务部门构成。

还需明确组织架构中各角色的相应职责，让工作职责融入日常的数据资产管理和使用工作中。

（三）制定制度体系

为了保障活动实施和组织架构正常运转，需要建立一套覆盖数据引入、使用、开放等整个生产运营过程的数据管理规范，从制度上保障数据资产管理工作有章可循、可行可控。

数据资产管理规范包括元数据管理规范、生命周期管理规范、数据质量管理规范以及数据安全管理规范等对应管理职能的具体规范。在此基础上，规范需细化至接口设计、接口开发、模型设计、模型开发、数据开放以及服务封装等内容。规范的标准一般包括基础分类标准、命名规范要求、数据架构划分、存储与数据权限规则、元数据信息完整性要求等。规范和标准在执行的过程中需执行监控规定，要求事中检查和事后监控。事中检查指的是在开发和上线时进行控制，包括命名规范、信息完整性、合理性等；事后监控指的是对存储周期、数据安全敏感信息和加密信息、权限赋权进行常态化检查。

（四）设置审计机制

为进一步保障、评估数据资产管理的规范、规划、组织机构、制度体系的执行状况，保障、评估数据资产的安全性、准确性、完整性、规范性、一致性、唯一性和时效性，需有完整的贯穿数据资产管理整个流程的审计机制。审计机制从审计体系规范建设入手，信息技术审计方法和专职人员审计方法并行。审计对象包括数据权限使用制度及其审批流程、日志留存管理办法、数据备份恢复管理机制、监控审计体系规范以及安全操作方案等体系制度规范以及敏感、重要数据。数据资产管理在实施过程中需要保障集中审计的可行性。

（五）开展培训宣贯

培训宣贯是企业实施数据资产管理进程中的重要组成部分，是数据资产管理理论落地实践、流程执行运作的基础，是数据资产管理牵头部门在技术部门和业务部门之间顺利开展工作的重要保障。企业需利用现有资源，合理安排员工参与数据资产管理培训课程。促进员工有效培训和自我提高，提升人员的职业化水平，强化工作的标准化、规范化。

企业开展数据资产管理的培训教育周期、培训内容和参与方式包括行业现有数据资产管理体系课程培训，行业内、外部单位优秀经验沟通与交流，主要参与培训人员在部门内二次培训，企业优秀部门、员工经验、案例分享，在常规员工培训中添加数据资产管理培训课程，等等。

各企业单位需将数据资产管理纳入现有晋升、薪酬、职位资格等体系范畴，建立员工职业发展通道。根据现实工作环境中完成任务的能力，设立数据资产管理相关奖项，对优秀个人、团队进行奖励，树立行业、员工优秀模范，引导员工不断学习，激发员工不断改进工作，提高工作质量和工作效率。

第三节　数据资产管理的外延

数据资产管理不仅仅是某一机构的研究课题，有关数据合规性与数据跨境流动方面的问题已经成为各国关注的重点。2017年6月正式施行的《中华人民共和国网络安全法》第三十七条规定："关键信息基础设施的运营者在中华人民共和国境内运营中收集和产生的个人信息和重要数据应当在境内存储。因业务需要，确需向境外提供的，应当按照国家网信部门会同国务院有关部门制定的办法进行安全评估。"2018年，《通用数据保护条例》（General Data Protection Regulation，GDPR）正式在欧盟实施。各国对于数据跨境流动的关注包含了诸多内容，如数据主权、隐私保护、法律适用及国际贸易规则等。数据资产管理不仅得到了国家层面的关注与支持，行业层面、企业层面也越来越重视。

一、政府数据资产管理与运用

近年来，我国政府越来越重视数据资源的管理，并由此开展了很多工作。政府数据作为政府所拥有的宝贵资产，具有重要价值，如何促进政府数据的应用以及价值的实现已成为政府亟待解决的现实问题之一。

（一）我国政府数据资产管理发展历程

我国的政府信息化工作始于 20 世纪 80 年代，沿着机关内部办公自动化、管理部门的电子化工程——"全面的政府上网工程"这一脉络开展。

20 世纪 80 年代初至 90 年代初，中央和地方党政机关开展办公自动化工程，建立各种纵向和横向的内部信息办公网络。

20 世纪 90 年代初至 90 年代末，我国的政府信息化建设得以蓬勃发展。1993 年，建设国家公用经济信息通信网（即金桥工程）。同年，国务院批准成立国家经济信息化联席会议。1993 年底，为了适应全球建设信息高速公路的潮流，中国正式启动国民经济信息化的起步工程——"三金工程"，即金桥、金关、金卡工程。"三金工程"是我国中央政府主导的以政府信息化为特征的系统工程，是我国政府信息化的雏形。"联席会议"的成立和"金字工程"的陆续启动，标志着我国政府信息化进程进入一个新的时期。1996 年，联席会议改组为国务院信息化领导小组，统一领导和组织协调全国的信息化工作，有力地推动了政府信息化建设。

1999 年 1 月，40 多个部委的信息主管部门倡议发起"政府上网工程"。"政府上网工程"及相关的一系列工程的启动，使政府站点与政府的办公自动化连通、与政府各部门的职能紧密结合，政府站点演变为便民服务的窗口，实现人们足不出户完成与政府部门办事程序的目标。国家不断培育政府信息化发展的宏观环境。2001 年 12

月 26 日，国家信息化领导小组第一次会议做出了"中国建设信息化要政府先行"的重要决策。

2002 年则是政府信息化逐渐"由概念变成现实，由争论转入实施，由含混转为清晰"的一年。2002 年 7 月 3 日，在国家信息化领导小组第二次会议上，国务院组织了上百位专家对国家电子政务进行研究，在所发布的十七号文件中，明确了"十五"期间中国电子政务的目标以及发展战略框架，将政府信息化建设纳入一个全新的整体规划、整体发展阶段。

近年来，在政府信息化的背景下，我国相继出台了一系列推动政府数据开放的政策措施。2014 年"大数据"首次被写入《政府工作报告》，依靠大数据提升政府治理能力开始受到各级政府的关注。2015 年国务院印发的《促进大数据发展行动纲要》将大数据上升到国家战略，并指出政府数据的重要地位，要对政府数据资源进行整合与开放。2018 年，我国开始第八次机构改革，《深化党和国家机构改革方案》对政府职责体系构建进行了原则性设计。在大数据的时代背景下，此次机构改革中的亮点之一是地方政府纷纷设立专门的大数据管理机构。这一次的机构改革对中国政府数据治理至关重要，有助于完善政府数据治理体系。《2019 中国大数据产业发展白皮书》中明确指出，政府数据资产管理与应用将成为关注热点，激活政府数据资源，促使政府数据由资源转向资产，构建数据价值生态将给政府带来很大的社会经济价值。

（二）我国政府数据资产管理相关概念

据中国信通院发布的《数据资产管理实践白皮书（3.0 版）》，数据资产是企业和组织通过对数据资源进行管理，对数据资产进行合理配置，保障数据资产的安全性，进而实现对数据资产的有效利用。基于数据资产和政府的特性，我们认为政府数据资产指政府部门拥有的数据的总和，包括其采集的各种公共数据、企业数据、市民数据以及其自有的业务数据等。国家享有政府数据资产所有权，政府拥有数据资产管理权。政府数据资产来源于主体和客体两个部分，主体包括政府、用户等，客体包括数据管理平台、管理和服务技术等。政府数据资产是在获取、存储、共享、开放和利用的过程中实现保值增值的。

上文提及，数据资产管理是指对规划、控制和提供数据及信息资产进行管理，从而提升数据资产的价值。政府数据资产在政府大数据中处于承上启下的位置，处于政府数据平台和政府数据应用之间，即对下承载政府数据平台，对上承接以价值为目标的数据应用。政府数据资产管理要求对政府数据进行全生命周期的资产化管理，因此，我们将政府数据资产管理定义为："政府部门综合运用数据管理的方式，对政府数据进行管理，提升政府数据资产的价值。"

（三）政府数据资产管理现状

近年来，我国各级政府在数据资产管理方面取得了一定的成绩。首先，是我国各级政府在数据资产管理方面所进行的一些举措。

一是设立大数据管理机构。政府大数据管理机构是数据治理体制的核心部门，对国家数据治理体系的有效运行起到了至关重要的作用。2018年第八次机构改革，《深化党和国家机构改革方案》对政府职责体系构建进行了原则性设计，在大数据发展背景下应运而生的是一批地方大数据管理机构的设置。截至 2019 年 6 月，全国 31 个省级行政区（未包括港澳台地区），共有 18 个省（自治区、直辖市）设有省级大数据管理机构。全国 333 个地级行政单位中有 208 个地区设立大数据管理机构。中国的 22 个省会城市、4 个自治区政府所在地（除拉萨外），以及 5 个非省会副省级城市，共计 31 个行政单位设立了大数据管理机构。

二是建设政府数据中心。开放政府数据是近年来开放政府与信息技术结合的新举措，国家通过建立数据开放门户网站将各级政府数据进行整合、归集并提供开放利用，确保数据的可用性和便捷性。目前，国内已建成多个政府数据开放中心。

其次，是我国政府在进行数据资产管理时仍有需要改进完善之处。

一是缺乏国家层面的政府数据中心。各个省区之间的政府数据彼此孤立，只有共建共享政府数据才能更好地实现政府数据的价值。建设国家层面的政府数据中心需要跨部门、跨地域、多主体相互协作，注重统筹规划。同时，政府还要明确平台管理归属，提升政府利用数据资产的能力，政府数据中心平台可以通过对所拥有的数据资源进行整合，盘活数据资产，提升政府的公共服务能力。

二是政府数据资产管理标准不一。目前，各地政府纷纷设立大数据管理机构，出台数据资产管理登记办法等，但是各地政府有着各自的标准，目前没有统一完善的政府数据资产管理标准和规范。政府数据标准不一会对数据资产管理带来很大的困扰，因此要结合国际标准和行业标准，对政府数据资产进行全生命周期管理，给予政府数据资产管理制度保障，使其有据可循。

三是政府数据资产管理人才缺乏。政府数据资产建设需要专业的人才队伍，提升政府治理和决策的能力，这对工作人员的整体素养和工作能力有着极高的要求，工作人员要具备保密意识和专业的法律素养，具备专业知识和素养，并具有公共服务的能力。政府要重视数据资产管理的人才队伍建设，为政府数据资产建设提供人才支持。

数据是资产的概念已经达成共识，各国政府也纷纷将政府数据开放上升为国家战略，如何将政府数据资源转化为政府数据资产，从而发挥出政府数据资产的价值显得愈发重要。目前，我国政府数据资产管理和实践仍处于探索中，还需要在工作中及时总结经验，推进相关实践工作，以促进政府数据价值的实现。

二、行业数据资产管理与应用

行业层面，各行各业也都给予了高度的重视，而不同的行业，在数据资产管理的具体实践上也会有差异。目前我国金融行业、医疗行业等在数据资产管理具体实践方面取得了不错成绩。

（一）金融行业数据资产管理

随着大数据技术、人工智能、区块链、云服务等技术的快速发展与广泛普及，金融大数据平台建设与应用成为金融行业的热点和难点。麦肯锡研究报告显示，无论是应用潜力还是投资规模，金融行业都是大数据能力输出与应用的重点行业。

近年来，我国银行、证券、基金、保险和类金融行业数据迅速膨胀并呈现几何级数增长，大量数据沉淀作为金融企业的无形资产已经成为行业共识，但只有可控制、可量化、可共享、可变现的数据才能成为金融企业的资产。金融数据如何发挥真正的价值、价值如何体现成为金融行业所面临的问题。

2016 年 12 月 30 日，中国证券业协会发布《证券公司全面风险管理规范》，明确指出证券公司应当建立健全数据治理和质量控制机制。2018 年 5 月，银保监会（原银监会）发布《银行业金融机构数据治理指引》，要求银行业应将数据治理纳入公司治理范畴。2018 年，中国支付清算协会针对非银行支付机构数据资产管理状况开展了调研。相关规范的出台也代表了未来的发展趋势，成熟的数据资产管理将会成为金融企业的核心竞争力。

目前，证券、基金、银行等金融行业现状是：数据架构失控、数据标准缺失、数据质量参差不齐、数据安全堪忧、数据边界不清、元数据管理混乱、数据量巨大且复杂等。如何树立并识别数据资产、利用现有数据资产为业务创造价值，需要金融机构构建数据治理体系、完善数据架构、拓展大数据业务应用场景、创新数据分析手段，从而实现数据资产价值。

基于数据资产分类进行数据资产管理设计有三大关键要素，即专业的企业级数据资产管理团队组织、数据资产管理制度流程、数据资产管理平台工具。金融行业一般成立公司级数据资产委员会—数据资产工作领导小组—管理执行小组三层架构，落实企业数据资产管理工作。现阶段我国部分龙头金融企业效仿国外顶级投行，从战略规划阶段决议成立专业的数据管理部门，打通 IT 部门和业务部门，更好地进行数据资产管理；同时自上而下全局部署数据资产管理规范，从而形成全面的标准规则体系和执行调度流程；最后依托自研或引进与金融企业管理制度流程相匹配的数据资产管理平台，梳理、展示公司数据资产并对外提供服务。

（二）医疗行业数据资产管理

随着信息技术与医疗产业的融合式发展，医疗数据无处不在，如何对持续增长的医疗数据进行挖掘并加以利用成为至关重要的命题。医疗数据资产管理是近些年来国家主管部门、医疗机构、医药企业、第三方平台等一直探索开展的新领域。医疗大数据即医疗过程中产生的海量数据，医疗数据资产是指可以为政府、医疗机构、企业、个人带来预期经济收益的医疗数据资源。我国医疗数据资产管理起步晚、发展历程短，但政府出台多项政策推动医疗服务机构的信息化建设，为医疗大数据的应用提供了深厚的基础。

2011 年，原卫生部发布《电子病历系统功能应用水平分级评价方法及标准（试行）》，提出将电子病历系统应用水平划分为 8 个等级，并明确各级标准。2012 年，国务院发布《卫生事业发展"十二五"规划》，提出推进医药卫生信息化建设，加快健康产业发展。2013 年，中共中央下发《中共中央关于全面深化改革若干重大问题的决定》，强调要充分利用信息化手段，促进优质医疗资源纵向流动，加强区域公共卫生服务资源整合。2015 年，国务院发布《关于城市公立医院综合改革试点的指导意见》，提出加强区域医疗卫生信息平台建设，推进医疗信息系统建设与应用。2018 年，国家卫生健康委员会印发《国家健康医疗大数据标准、安全和服务管理办法（试行）》。2019 年，国家卫生健康委办公厅印发《全国医院数据上报管理方案（试行）》及《全国医院上报数据统计分析指标集（试行）》，充分发挥健康医疗大数据作为国家重要基础性战略资源的作用。

医疗数据资产管理的发展已经形成了自身的管理体制，医疗数据资产管理体制规划面临一定的机遇和挑战。发展机遇包括：宏观政策和医疗信息化进一步优化，为医疗经济持续健康发展提供了新的机遇；医疗数据资产管理资源得到有效开发，为发展现代医疗数据资产管理体制提供了新的机遇。严峻挑战是因为我国处于经济转型期，医疗数据资产管理体制仍具有弱质性、传统性的特征，长期存在的一些体制性、素质性矛盾更为集中凸显，如医疗基础设施薄弱、医疗数据资产管理体制结构调整难度大等。

三、企业数据资产管理与运用

数据资产管理是企业采取的各种管理活动，用以保证数据资产的安全完整、合理配置和有效利用，从而提高数据资产带来的经济效益，保障和促进各项事业发展。

（一）企业数据资产管理的主要内容

对于企业来说，数据资产管理的主要内容可以提炼为三个关键词，分别是：治理、应用和运营。

一是数据资产治理。数据资产治理是企业管理数据资产的一套完整的机制，包括指导企业数据资产管理的政策、规章制度、流程、组织、角色和责任，数据资产治理体系的建立将为企业数据资产的准确性、一致性、完整性、实时性和安全性等提供管理机制上的保证。数据资产治理的核心是在企业的大环境内建立人、数据、IT 系统之间的和谐关系，实现企业业务及管理人员在正确的时间、正确的环境得到正确的数据支持服务的目标。

二是数据资产应用。数据资产应用是指企业将数据资产适当加工，为企业的管理控制和科学决策提供合理依据，从而支持企业经营活动开展，创造经济利益的过程。其中，常见的数据资产应用就是报表开发、临时取数，以及数据挖掘分析、数据产品定制开发等。

数据资产应用早已应用在具体的实践层面，对于生产过程，还有着各种专业化的方式或工具支持，比如可视化工具、数据开发工具、分析挖掘工具以及专业性能提升工具等。而应用形式也有所革新，报表等传统方式虽然并不会消失，但也逐渐被体验良好的数据产品所替代，协助业务运营或管理人员更快分析决策，是这一领域的主要价值诉求。

三是如何将更多的应用提供者（包括潜在提供者）与应用需求者进行对接，从而加强应用和形式创新。

四是数据资产运营。数据资产运营是指企业对数据资产的所有权、使用权和收益权等权益及相关活动进行管理的过程，包括产权登记、产权界定、资产购置、资产处置等，以及配套的评估、分析、统计、清查、监督等活动。

相对于数据资产治理和数据资产应用，数据资产运营是一个比较新的领域，但也是具有发展潜力的一个部分，目前热门的如数据开放、数据交易、数据合作等方向都属于这个领域。此外，数据资产的评估、规划、审计等也将带来咨询或服务市场的新商机。

（二）工业企业数据资产管理现状

目前，国内企业关于数据资产管理的理论和实践还处于初级阶段，有关数据资产管理的实力及能力更是参差不齐。本小节将以工业企业为代表，分析我国工业企业数据资产管理现状，以此探究我国企业关于数据资产管理实践的现状。

2018 年，在工业和信息化部信息化与软件服务业司指导下，工业互联网产业联盟（AII）联合中国信息通信研究院发布了《2018 工业企业数据资产管理现状调查报告》，从三个方面对工业企业数据资产管理现状进行阐述，即企业数据资产管理的组织制度、信息化能力和数据监管情况。

一是组织制度层面，着眼于管理意识、工作规划、管理现状和制度规范四个方面。根据报告数据，工业企业对于数据资产管理的重要性已经形成了一定的认识，98.6%的工业企业认为数据管理工作值得投入，87.8%的企业已经开始投入或正在规划数据管理相关工作，其中 55.4%的企业为数据管理工作设置了专职机构，但尚未投入大量人力在数据管理的相关工作上。有 33.8%的企业没有形成针对企业数据的管理模式，仅有 25.7%的企业会定期更新相关的管理办法或企业标准。

二是信息化能力层面，主要考察数据情况、建设驱动力、工作难点、技术工具、建设模式和业务需求等。工业企业已收集和管理的数据总量较小，绝大部分的企业数据总量都在 20TB 以下；工业企业开展数据资产管理工作，60.7%的驱动力均来源于内部的业务需求；工业企业认为工作难点集中在数据难统筹、缺乏方法论和短期内看不到成果三方面；约 40%的工业企业仍在使用原始的文档记录方式进行数据的管理，现阶段需求最大的技术工具集中于大数据处理、数据管理和报表分析；工业企业对于数据应用的需求主要集中在监控生产运营情况和提升资源使用效率层面。

三是数据监管情况层面，以数据上云、数据流通和安全机制为切入点。工业企业对于数据上云的态度差别较大，仍有一半的企业对数据上云保持谨慎，或处于观望态度；工业企业对于数据流通的需求尚有很大空间，仅有 2.7%的企业表示不会涉及数据流通；安全管理机制方面，工业企业采取的多为传统的物理隔离、网络隔离方式。

第三章
数据资产管理
的背景与意义

第一节　数据资产管理的发展背景

随着大数据时代的来临，各行各业对数据的重视程度达到前所未有的高度，"数据即资产"的理念也已被逐渐理解和接受。任何事物的发展都离不开其所处环境的支撑，数据资产管理也不例外，其发展更是依赖于技术进步、市场需求等诸多因素的助力。

一、技术背景

数据资产管理能够得以持续发展并趋于成熟，其背后离不开相关技术进步的支撑，尤其是大数据技术的发展。同时，相关标准的制定也是数据资产应用和发展的重要基础，在促进数据资产管理上发挥着不可替代的作用。

（一）技术支撑

技术与管理之间的关系是相辅相成的，技术的进步促成了管理理论和方法的创新，管理理论和方法的创新促进技术的进一步发展。技术的应用与创新，如数据管理技术的不断进步、大数据技术趋于成熟等，会给数据资产管理这一全新管理领域带来新的变化。

1. 数据管理技术不断进步

数据管理技术主要经历三个阶段：人工管理、文件系统管理、数据库系统管理。20 世纪 50 年代中期以前，是人工管理阶段，计算机主要用于科学计算，并且没有磁盘等存储设备，数据不能长期保存，也无法实现数据间的共享，数据没有相对独立性。20 世纪 50 年代后期，计算机硬件和软件开发到了一个崭新的高度，计算机开始应用于数据管理方面，此时磁盘得到普及，数据能够长期保存，可以实现反复地修改和处理，并支持插入、修改、删除、查询等操作，但仍然存在独立性差、共享性差的缺点。20 世纪 60 年代后期以来，计算机软件得到进一步发展，计算机管理的对象规模日益扩大，应用范围也日益广泛，同时社会对多种应用、多种语言互相覆盖的共享数据集合的要求越来越强烈，数据库技术便应运而生，从文件系统到数据库系统，数据管理技术实现了质的飞跃。

随着数据随机存储技术和数据库技术的应用，计算机系统可以对数据进行方便的存储和访问，"数据管理"这一概念也才真正出现。在数据资产化背景下，数据资产管理是在数据管理的基础上发展而来，数据管理技术的进步演变也为数据资产管理提供了基础的技术支撑。

2. 大数据技术趋于成熟

"大数据"这一词最早出现在《第三次浪潮》，这本书将其赞誉为"第三次浪潮的华彩乐章"。大数据的出现以及相关技术的迅速突破使得大数据在改变人类生产生活方式中逐渐承担重要角色，大数据时代的到来颠覆了业界、学界对传统数据的认知，同时也引起了数据的获取、存储、分析、挖掘及可视化等技术的变革。

大数据的发展有三个层次，自下而上依次为大数据处理能力、数据资产管理、业务价值实现。而在其中，数据资产管理所起到的作用就是需要把在各种大数据处理平台上获得的数据资产有效地管理起来，并且围绕它支持创造业务价值目标，让数据更好地流动、加工、分析、应用，甚至是进行数据的开放、连接、整合、嫁接等一系列过程。

近年来，大数据底层技术发展呈现出逐步成熟的态势。在大数据发展的初期，技术方案主要聚焦于解决数据"大"的问题，Apache Hadoop 定义了最基础的分布式批处理架构，打破了传统数据库一体化的模式，将计算与存储分离，聚焦于解决海量数据的低成本存储与规模化处理。在解决了数据"大"的问题后，数据分析时效性的需求愈发突出，Apache Flink、Kafka Streams、Spark Structured Streaming 等近年来备受关注的产品为分布式流处理的基础框架奠定了基础。在此基础上，大数据技术产品不断分层细化，在开源社区形成了丰富的技术栈，覆盖存储、计算、分析、集成、管理、运维等各个方面。据统计，目前大数据相关开源项目已达上百个。

同时，大数据的出现颠覆了传统数据处理的一系列技术。大数据处理技术体系主要涉及大数据的采集技术、存储技术、分析及挖掘技术、可视化呈现技术 4 个部分。来自不同领域的大数据的特点、数据量及用户数不同，可分为结构化数据、半结构化数据和非结构化数据 3 种类型，而大数据采集面对的挑战主要是并发数高、流式数据速度快。随着互联网技术和云计算技术的发展，建立在分布式存储基础上的云存储已经成为大数据存储的主要趋势，大数据存储的主要挑战则是数据异构、结构多样、规模大。简单的统计分析以及分类汇总，其导入数据量大，查询请求多，而大数据挖掘涉及数据的分类、聚类，其算法复杂，计算量大。大数据呈现的挑战在于数据维度高、呈现需求多样化。总的来说，大数据处理环节中各技术功能的相互配合使用为大数据价值的有效实现提供了技术基础。

（二）标准规范

数据资产管理的标准化是数据资产应用和发展的重要基础，相关标准和规范发挥着不可替代的作用。

1. 数据管理

数据资产管理在数据管理的基础上发展而来。数据管理的概念在 20 世纪 80 年代就已出现，以国际数据管理协会（DAMA）为代表的组织机构长期从事数据管理的研究工作。2009 年，DAMA 发布数据管理知识体系 DMBOK1.0，将数据管理定义为规划、控制和提供数据资产，发挥数据资产的价值，并将数据管理划分为 10 个领域，分别是数据治理、数据架构管理、数据开发、数据操作管理、数据安全管理、参考数据和主数据管理、数据仓库和商务智能管理、文档和内容管理、元数据管理和数据质量管理。2015 年，DAMA 在 DMBOK2.0 知识领域将其扩展为 11 个管理职能，分别是数据架构、数据建模与设计、数据存储与操作、数据安全、数据集成与互操作、文件和内容管理、参考数据和主数据、数据仓库和商务智能（Business Intelligence，BI）、元数据、数据质量等。

由卡耐基梅隆大学 CMU 软件研究所 SEI 发布的数据能力成熟度模型 DMM，由五大过程域和组织支撑流程构成，其中过程域包括数据管理战略、数据质量管理、数据操作、数据平台和机构、数据治理。国际数据治理研究所 DGI 制定了数据治理框架，以访问路径的形式，直观展示了 10 个基本组件之间的逻辑关系，形成了一个从方法论到实施的自成一体的完整系统。IBM 数据治理委员会提出数据治理要素模型，将数据治理要素划分为支持规程、核心规程、支持条件和成果 4 个层次，重点关注数据治理过程的可操作性，强调实现业务目标或成果，实现数据价值。企业数据管理协会 EDM 发布了数据管理能力成熟度评价模型 DCAM2.0，DCAM 首先定义了数据能力成熟度评估涉及的能力范围和评估的准则，然后从战略、组织、技术和操作的最佳实践等方面描述了如何成功地进行数据管理。最后，又结合数据的业务价值和数据操作的实际情况定义数据管理的原则。

我国针对数据管理的规范，主要是由国家相关部门制定施行。国家标准化管理委员会从 2012 年起，陆续发布了《关系数据管理系统技术要求》（GB/T 28821—2012）、《非结构化数据管理系统技术要求》（GB/T 32630—2016）和《非结构化数据管理系统参考模型》（GB/T 34950—2017）。2018 年 3 月，国家标准化管理委员会迎合社会对数据管理需求日益迫切的情况，发布《数据管理能力成熟度评估模型》（GB/T 36073—2018），这是我国数据管理领域首个国家标准。该标准将组织对象的数据管理划分为八大能力域，即数据战略、数据治理、数据架构、数据标准、数据质量、数据安全、数据应用、数据生存周期，并对每项能力域进行了二级能力项和成熟度等级的划分。2018 年 6 月，发布《信息技术服务治理》第 5 部分：数据治理规范（GB/T 34960.5—2018），该规范提出了数据治理的总则和框架，规定了数据治理的顶层设计、数据治理环境、数据治理领域以及数据治理过程的要求。它为中国各行业、机构开展数据治理提供了可靠的依据，为提升社会数据管控与应用能力、发挥数据资产价值、促进行业创新发展提供了重要支持和保障。该规范于 2019 年 1 月 1 日施行。2020 年，国家标准化管理委员会专门针对物联网数据管理的需要发布了《物联网感知控制设备接入》第 2 部分：数据管理要求，该标准规定了物联网感知控制设备接入网关或平台时的数据采集、数据处理、数据交换和数据安全等数据管理要求。

除了上述标准外，部分行业标准也一并发布，比如 2017 年 7 月国家标准化管理委员会发布的《基于云计算的电子政务公共平台服务规范》第 3 部分：数据管理，2017 年 4 月，工业和信息化部发布的《信息技术服务外包》第 4 部分：非结构化数据管理与服务规范，2017 年 12 月国家标准化管理委员会发布的《产品生命周期数据管理规范》，以及 2019 年 1 月中国人民银行发布的《银行间市场基础数据库管理规范》。2020 年国家药监局综合司公开征求《药品记录与数据管理规范（征求意见稿）》意见等。

2. 数据资产

随着各类组织对数据资产的日益重视，数据资产标准的研判也成为国内外各标准化组织共同关注的热点。

国外相关科研机构和大型企业提出了具有代表性的研究成果。2009 年，英国格拉斯哥大学提出了数据资产框架（Data Asset Framework，DAF），构建了一套通用的、系统的科研数据资产审计框架，提出了一种对数据资产现状进行审计的实用方法和程序。2015 年，麻省理工学院信息系统研究中心（Center for Information Systems Research，CISR）研究提出数据价值评估能够帮助企业将数据当作一种战略资产进行观察和治理的观点。

当前，互联网、金融、电信等行业的数据资产管理实践经验丰富，对补充和完善数据管理的理论体系及推动数据资产管理的行业应用具有重要意义。2019 年，中国资产评估协会制定了《资产评估专家指引第 9 号——数据资产评估》，从数据资产的基本情况、基本特征、价值影响因素和应用商业模式等方面对评估对象进行多维刻画，介绍了成本法、收益法和市场法三类评估方法。2019 年 6 月，国家市场监督管理总局、中国国家标准化管理委员会发布了《电子商务数据资产评价指标体系》，提出了由数据资产成本价值和数据资产标的价值组成的评价指标体系，并给出了二级指标体系项及对应的三级指标项，为电子商务数据资产价值的量化计算与评价估计提供了依据。同期，中国信通院发布了《数据资产管理实践白皮书 4.0》，从数据资产管理的概念、数据价值以及数据资产管理的任务、工具和实施等方面进行了全面系统的描述，为我国开展和实施数据资产管理提供了系统的理论框架。2021 年将启动 5.0 版本的编写工作。

二、市场背景

信息技术与经济社会的交汇融合引发了数据规模的迅猛增长。对于市场而言，数据具有了独立的经济价值；对于国家治理来说，数据则已经成为国家基础性战略资源。2020 年 4 月，我国将数据与土地、劳动力、资本、技术并列为五大生产要素，并提出要"加快培育数据要素市场，完善数据要素的市场化配置机制"。数据价值日益凸显，数据资产管理发展空间十分可观。

国际机构 Statista 在 2019 年 8 月发布的报告显示，到 2020 年，全球大数据市场的收入规模预计将达到 560 亿美元，较 2018 年的预期水平增长约 33.33%，较 2016 年的市场收入规模翻一番。而随着市场整体的日渐成熟和新兴技术的不断融合发展，未来大数据市场将呈现稳步发展的态势，增速维持在 14% 左右。在 2018—2020 年的预测期内，大数据市场整体的收入规模将保持每年 70 亿美元的增长，复合年均增长率约为 15.33%。从细分市场来看，大数据的硬件、软件和服务的市场规模均保持稳定的增长。具体而言，2016—2017 年，软件市场规模增速达到 37.5%，在数值上超过了传统的硬件市场。随着机器学习、高级分析算法等技术的成熟与融合，更多的数据应用和场景正在落地，大数据软件市场将继续高速增长。

我国数据资产管理市场发展的主要推动力来自政府和大型互联网公司。在国家层面上，正在以政务信息和政府数据管理为切入点，由上至下地推动数据资产管理。而在"互联网+"行动计划、《促进大数据发展行动纲要》《中国制造 2025》等政策的推动下，中国企业纷纷开启数字化转型之路，由此打开企业数据资产管理的市场。

据艾瑞咨询发布的报告，自 2012 年以来，我国大数据软件和服务行业市场规模增长迅猛。2016 年，大数据软件市场规模 72.6 亿元，同比增长 47.7%；大数据服务市场规模 41.5 亿元，同比增长 51.1%。软件市场占比高于服务市场的原因是用户更习惯于软件许可授权的付费模式。大数据产业的繁荣带动对数据资产管理需求的升级，传统的数据管理方式已经难以适应大数据时代的需要，数据资产管理通过集中整合企业内外部数据，建立标准化的数据管理体系，并面向业务运营提供数据服务能力作为支撑，既降低了企业数据使用的成本，又提高了以数据指导管理决策的效率。同时，数据资产管理的深化为整个大数据产业的良性发展奠定了基础。数据资产成为企业的核心战略资产，为数据交易市场提供了广阔的发展空间，高质量的数据又反过来促进大数据应用及后续商业价值的实现。

2021 年，海比研究院、中国软件网联合中国软件行业协会发布《2021 年中国数据资产化工具市场研究报告》，其中指出随着企业数字化水平的不断提高，企业数据要素资源的累积逐步增多，促使企业对这些海量数据要素进行整合与管理以发挥数据要素的价值，从而催生数据资产化过程的发生。根据报告，2020 年我国数据资产化市场规模为 280 亿元，未来 5 年复合增长率达 40.7%，预计 2026 年市场规模达到千亿规模。旺盛的需求来源于国家新基建等政策推动，以及企业应对市场竞争而进行的数字化转型，这都为数据资产化工具企业带来广阔的市场空间。依据海比研究院的数据，有需求的企业数量高达 156 万家，其中高需求的企业数量达 48 万家，但实际购买并形成数据资产管理的企业数量只有 1.4 万家，占比 2.9%。

以核心工具作为细分标准来看，数据应用类的需求占比最高，1.4 万家企业中占比达到 32%，其次是数据处理类，占比为 20%。从销售额来看，数据存储规模最大，达到 113 亿元，其次是数据应用类，其中可视化市场规模 24 亿元，交易变现 18 亿元，内部决策应用 54 亿元，再次是数据处理、数据采集和源数据领域。从行业角度看，互联网企业占比最高，达到 5 800 多家，远高于其他行业。互联网的行业特点决定了对数据工具的需求，但在数字化转型逐渐普及的今天，其他类型行业的需求也应获得数据资产工具企业的关注。从需求层面来看，大中型企业贡献的市场规模比例较高，尤其是政府、金融、医疗、制造和教育等行业的贡献较大。

当前，数据要素市场整体发展已进入变革期，未来数据资产化与管理变现将迎来发展机遇期。

第二节　数据资产管理的重要意义

数据作为越来越重要的生产要素，正在成为比土地、石油、煤炭等更为核心的生产资源。但如果数据资产处理不当，数据繁杂无序，那么这些数据将不再是资产，而是一无是处的垃圾，而随着系统的更新迭代，我们将会失去这部分资产。因此如何加工利用数据，充分有效释放数据价值，是政府和企业正在面临且努力攻克的重要课题。充分有效挖掘数据价值的过程中充满了重重阻碍，但数据资产管理正在逐步扫清这些障碍。

一、数据资产管理的必要性

当前，数据是资产的概念已经成为行业共识。然而现实中对数据资产的管理和应用往往还处于摸索阶段，数据资产管理面临诸多挑战。

（一）数据资产管理阻碍重重

我国绝大部分政府和企业大数据应用处于初级阶段，造成这种现状归根到底是原有粗放式的信息化建设模式以及企业数据文化的缺乏，导致数据相关的管理体系、工具和制度等多方面都有不同程度的缺失，出现了很多数据资产管理的问题。

（二）数据价值难以有效发挥的原因

显然，无论是政府还是企业，在数据资产管理过程中都面临诸多问题，这些问题阻碍了数据的互联互通和高效利用，成了数据价值难以有效释放的瓶颈。而影响数据价值难以有效发挥的原因，主要包括以下几点。

一是缺乏统一数据视图。企业和政府部门的数据资源通常散落在多个业务系统中，相关部门和业务人员无法及时感知到数据的分布与更新情况，无法快速找到符合自己需求的数据，也无法发现和识别有价值的数据并纳入数据资产。

二是大数据需求不清晰。很多企业业务部门和政府部门并不了解大数据，也不了解大数据的应用场景和价值，因此难以提出精准的大数据需求。业务部门需求不清晰，大数据部门又是非营利部门，决策层担心投入成本较高，导致了很多企业和政府部门在搭建大数据部门时犹豫不决，或者保持观望态度，这对企业和政府部门在大数据方向上的发展有着深刻影响，也阻碍了企业积累和挖掘自身的数据资产，甚至因为没有相关应用场景，删除了很多具有价值的历史数据，导致数据资产流失。

三是数据孤岛普遍存在。企业和政府部门启用大数据最重要的挑战是数据的碎片化。在很多企业尤其是大型企业，数据常常散落在不同的部门，而这些数据存在于不同的数据仓库中，企业的内部数据孤岛现象颇多。据统计，98%的企业都存在数据孤岛问题，而造成数据孤岛的原因既包括技术上的，也包括标准和管理制度上的，这阻碍了业务系统之间顺畅的数据共享，降低了资源利用率和数据可得性。

四是数据可用性低，质量低下。企业和政府部门每时每刻都在产生大量的数据，但大多都不重视大数据的预处理阶段，导致数据处理很不规范。大数据预处理阶段需要抽取数据并将数据转化为方便处理的数据类型，对数据进行清洗和去噪，以提取有效的数据等操作。有些企业甚至在数据的上报方面就出现很多不规范情况。这诸多原因，也导致了数据的可用性差、质量低。糟糕的数据质量常常意味着糟糕的业务决策，将直接导致数据统计分析不准确、监管业务难、高层领导难以决策等问题。根据数据质量专家 Larry English 的统计，不良的数据质量使企业额外花费 15%～25%的成本。而数据能够被当作资产，并发挥越来越大的价值，其前提是数据质量的不断提升。

五是缺乏安全的数据环境。人们的生活越来越离不开网络，而这也使得犯罪分子更容易获得关于人的信息，也有了更多不易被追踪和防范的犯罪手段。如何保障企业和用户的信息安全是非常重要的课题。数据安全造成的风险主要包括数据泄露与数据滥用等。根据数据泄露水平指数（Breach Level Index，BLI）监测，自 2013 年以来全球数据泄露高达 130 亿条，其中很多都是由于管理制度不完善造成的。随着机构数据的快速累积，一旦发生数据安全事件，其对企业经营和用户利益的危害性将越来越大，极大地束缚数据价值的释放。

六是缺乏数据价值管理体系。大部分企业和政府部门还没有建立起一个有效管理和应用数据的模式，包括数据价值评估、数据成本管理等，对数据服务和数据应用也缺乏合规性的指导，没有找到一条释放数据价值的"最优路径"。

总的来看，数据之间难以互联互通，数据价值没有得到充分有效的利用，正因为如此，数据资产管理的必要性愈发凸显。

（三）数据资产管理是充分发挥数据价值的重要路径

数据资产管理通过解决释放数据价值过程中面临的诸多问题，以体系化的方式实现数据的可得、可用、好用，用较小的数据成本获得较大的数据收益。笔者将从以下六个方面展开具体论述。

一是全面掌握数据资产现状。数据资产管理的切入点是对数据家底进行全面盘点，形成数据地图，为业务应用和数据获取夯实基础。从资产化管理和展示数据的角度出发，数据地图作为数据资产盘点的输出物之一，不承载具体数据内容，却可以帮助业务人员快速精确查找到他们想要的数据。另外，数据地图作为企业数据的全盘映射，可以帮助数据开发者和数据使用者了解数据，并成为对数据资产管理进行有效监控的手段。

二是提升数据质量。早在 1957 年，计算机刚刚发明的时候，大家就意识到数据对于计算机决策的影响，提出"Garbage In，Garbage Out"的警示。2001 年，美国公布《数据质量法案》（Data Quality Act），提出提升数据质量的指导意见。2018 年，国家金融监督管理总局发布《银行业金融机构数据治理指引》，强调高质量的数据在发挥数据价值中的重要性。数据资产管理通过建立一套切实可行的数据质量监控体系，设计数据质量稽核规则，加强从数据源头控制数据质量，形成覆盖数据全生命周期的数据质量管理，实现数据向优质资产的转变。

三是实现数据互联互通。数据资产管理通过制定企业内部统一的数据标准，建立数据共享制度，完善数据登记、数据申请、数据审批、数据传输、数据使用等数据共享相关流程规范，打破数据孤岛，实现企业内数据高效共享。同时搭建数据流通开放平台，增强数据的可得性，促进数据的交换流通，提升数据的服务应用能力。

四是提高数据获取效率。Gartner 统计，数据分析人员或数据科学家需要花费 70%～80%的精力在数据准备上。数据资产管理通过搭建数据管理平台，采取机器学习等相关自动化技术，将大量前期的数据准备时间和交付项目的时间缩短，提升数据的获取和服务效率，让数据随时快速有效就绪，缩短数据分析人员和数据科学家的数据准备时间，加快数据价值的释放过程。

五是保障数据安全合规。保障数据安全是数据资产管理的底线，数据资产管理通过制定完善的数据安全策略、建立体系化的数据安全措施、执行数据安全审计，全方位进行安全管控，确保数据获取和使用合法合规，为数据价值的充分挖掘提供了安全可靠的环境。

六是数据价值持续释放。存储和管理数据的最终目的是实现数据的价值，数据资产管理将数据作为一项资产，并通过一个持续和动态的全生命周期管理过程，使数据资产能够为企业数字化转型提供源源不断的动力。从企业高管到业务人员及技术人员，全员都要以持续释放数据价值为理念来重视数据资源管理工作。管理方面，建立一套符合数据驱动的组织管理制度流程和价值评估体系。技术方面，建设现代化数据平台、引入智能化技术，确保数据资产管理系统平台持续、健康地为数据资产管理体系服务。

二、数据资产管理的可行性

上一节对数据资产管理目前所遭遇的困境及其相关原因展开分析，论证了在当前大数据时代，政府抑或企业等机构进行数据资产管理的必要性。数据资产管理虽道阻且艰，但曙光已现，数据资产管理相关内容、技术手段已趋成熟，本小节将分析数据资产管理的可行性，主要从以下几个方面展开具体论述。

（一）数据资产管理的政策可行性

自 2014 年起，"大数据"连续 7 次被写入政府工作报告，这是我国政府为大数据发展营造的良好政策环境。自此，国务院、发改委、工信部等多个部门及各省级单位（除港澳台外）发布促进大数据产业发展的行动计划和指导意见等相关文件。2016 年 3 月，《中华人民共和国国民经济和社会发展第十三个五年规划纲要》发布，提出实施国家大数据战略，推动数据资源的开放共享。2019 年 10 月，中国共产党第十九届中央委员会第四次全体会议又提出将数据作为可参与分配的生产要素，与资本、土地、知识、技术和管理并列，进一步凸显了数据在国民经济、社会生活等多方面的重要性。2021年《中华人民共和国国民经济和社会发展第十四个五年规划和 2035年远景目标纲要》提出"加快数字化发展建设数字中国"，推动数字经济重点产业的发展。为了推动相关政策文件的落实，促进数据管理的实践与应用，部分省级单位成立大数据管理机构。国家及地方政策的发布为数据资产管理的发展营造了积极良好的政策环境，相关治理机构的成立又为其发展保驾护航。

（二）数据资产管理的技术可行性

首先，数据资产管理是从数据管理发展而来，数据管理技术也为数据资产管理的技术实现奠定了一定的基础。数据管理技术的发展分为三个阶段，目前处于数据库系统阶段，能够方便快速地实现对数据的存储与访问，并实现数据的开放共享。其次，数据资产管理依托于大数据技术的发展。近年来，大数据底层技术逐渐成熟，并且大数据的出现颠覆了传统数据处理的一系列技术，为数据价值的有效实现提供了技术基础。最后，数据资产管理并不是孤立的、狭隘的，而是需要多方参与维护，除了大数据技术，其他如 5G、人工智能、云计算、区块链、虚拟现实、物联网等新兴技术的快速发展，也为数据资产管理提供一定的技术支撑。简而言之，数据资产管理的相关技术已趋于成熟。

（三）数据资产管理的学术可行性

首先，早在政府关注数据管理、数据价值之前，国内外的学术界早已对数据管理、数据资产、数据资产管理的理论框架、技术基础、应用方向进行了深刻而全面的研究与论述，学术研究的进展也为政策制定、技术发展、实践应用等方面提供了理论基础。同时，各行业领域也开始对数据资产管理进行了"落地"研究。如：相关学者提出可在省级电力企业中实施数据资产管理与数据化运营；提出电信运营商可从数据生产能力提升的角度切入，创新运营模式，推动电信大数据在各领域应用推广，建立数据安全管控机制，推动数据资产化管理，等等。

（四）数据资产管理的市场可行性

"数据即资产"的认知被广泛认可，数据也已成为可参与分配的生产要素，是国家基础性战略资源。数据价值及重要性逐渐显现，数据资产管理市场可谓是前景广阔。据《2021 年中国数据资产化工具市场研究报告》，2020 年中国数据资产化市场规模为 280 亿元，未来 5 年复合增长率达 40.7%，预计到 2025 年市场规模达到千亿规模。旺盛的市场需求主要来源于国家相关政策的推动，以及企业的数字化转型，而其中，大中型企业的市场规模占比较高，尤其是政府、金融、医疗、制造和教育等行业对数据资产管理的需求较为旺盛。有需求才会有动力，旺盛的市场需求促进数据资产管理相关内容与技术等方面的快速发展。

第四章
数据资产管理
的发展历程

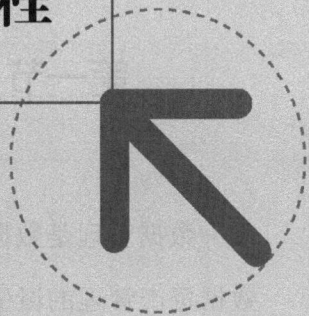

理查德·彼得斯于 1974 年首次提出"数据资产","数据管理"这一名词则出现在 20 世纪 80 年代，而"数据资产管理"一词在国内首次由 DAMS 组委会正式提出，是近几年的新事物、新名词；但同时它也是在数据管理和数据资产化的基础上发展而来。本章主要阐述数据资产管理发展的三个阶段，即数据管理阶段、数据资产阶段以及数据资产管理阶段，全方位展现数据资产管理从萌芽到成长壮大的过程。

第一节　数据资产管理的成长阶段

数据管理是数据资产管理的发展基础，数据管理的成长成熟为数据资产管理的诞生提供了肥沃的土壤，使得这一新生事物有着坚实的发展基础。随着计算机和互联网技术的不断发展与进步，数据管理技术也在不断地更新换代，到目前为止，数据管理技术主要经历了以下阶段：人工数据管理、文件系统管理、数据库系统管理及数据资源管理。

一、人工数据管理

20 世纪 50 年代中期，计算机开始被应用于科学计算。由于当时没有直接存取的设备（如磁盘），只有纸带、卡片、磁带等外存，也没有操作系统和管理数据的专门软件，所以早期的数据处理都是由手工完成的。这一阶段管理的数据不能长期保存，因为计算机主要用于科学计算；由应用程序管理数据，没有相应的软件系统负责数据的管理工作，数据独立性差，数据此时完全依赖于应用程序，数据不能共享，应用程序与数据是一一对应的关系。此时数据纯粹面向应用，服务于应用。

二、文件系统管理

20世纪50年代后期到60年代中期，计算机硬件有了进一步发展，出现了磁盘、磁鼓等能直接存取的存储设备。而计算机软件方面，操作系统中开始有了专门的数据管理软件，一般称之为文件系统，不仅能批处理，还能联机实时处理。

在这一阶段，计算机大量用于数据处理，管理的数据可以长期保存，并进行查询、修改、插入等操作。由文件系统管理数据，文件系统将数据组织成相互独立的数据文件，利用"按文件名访问，按记录进行存取"的管理技术，提供了对文件进行打开与关闭，对记录读取和写入等存取方式。

尽管这一时期相较于以往有了长足进步，但仍存在一些显著的缺点。数据的共享性差，冗余度大，因为在文件系统中，一个文件基本对应一个应用程序，即文件仍然是面向应用的。当不同的应用程序具有部分相同的数据时，也必须建立各自的文件，而不能共享，因此数据冗余度大，浪费存储空间，并由此给数据的修改和维护带来困难；数据独立性差，文件系统中的文件是为了某一特定的应用服务的，文件的逻辑结构是针对具体的应用来设计和优化的，因此对文件中的数据再增加一些新的应用较为困难。

三、数据库系统管理

20 世纪 60 年代后期以来，计算机管理的对象规模越来越大，应用范围越来越广泛，数据量急剧增加，同时多种应用、多种语言互相覆盖的共享集合的要求愈发强烈，以文件系统作为数据管理手段已经不能满足应用的需求。同时，随着磁盘技术不断进步，低成本、高速的硬盘占领了市场，计算机的软件也有了一定的发展，为新的数据管理技术的产生提供了必要条件。在外部压力与内部变革的双重促进下，数据库系统管理方式应运而生。数据库系统是由计算机的软硬件共同组成，实现了数据的动态、有规则、独立存储。

在这一阶段，数据库系统实现整体数据的结构化，数据库中的数据不再针对某一个应用，而是面向整个组织或企业；数据共享性高，冗余度低且易扩充，因为数据是面向整个组织或企业，不仅可以被多个应用共享使用，而且容易增加新应用，使得数据库系统弹性大，易于扩充；数据独立性高，是指数据的物理独立性和逻辑独立性，前者是指用户的应用程序与数据库中数据的物理存储是相互独立的，后者则是指用户的应用程序与数据库的逻辑结构是相互独立的；数据由数据库管理系统统一管理和控制。

四、数据资源管理

随着大数据时代的到来，数据管理技术发展日新月异，数据管理效率和数据独立性、共享性、可靠性都得到了发展，数据管理将进入新阶段，即面向数据应用的数据管理，又称数据资源管理。

DAMA 将数据资源管理定义为"致力于发展处理企业数据生命周期的适当的建构、策略、实践和程序"。这是一个高层而包含广泛的定义，而并不一定直接涉及数据管理的具体操作。它针对的是企业数据全生命周期所涉及应用过程数据的管理，即对数据变化的管理，或者说是针对描述数据的数据（元数据）的管理，因此称之为面向应用的数据管理。数据资源管理所涉及的数据对象，主要是那些描述构成应用系统构件属性的元数据，这些应用系统构件包括流程、文件、档案、数据元（项）、代码、算法（规则、脚本）、模型、指标、物理表、ETL 过程、运行状态记录等。

数据资产管理由数据管理演变而来，并从理论体系、管理视角、管理职能和组织体系等方面对数据管理进行了完善与发展。目前，数据管理形成了以国际数据管理协会（DAMA）、国际商业机器公司（IBM）和数据治理协会（DGI）这 3 个流派为代表的理论体系，数据管理理论体系的视角仍是将数据作为信息进行管理，并未关注数据资产管理和数据价值释放，更多地是为了满足监管要求和企业考核。因此，在这一阶段，数据资产管理更像是一粒"种子"，深埋于数据管理这一肥沃土地，不断地汲取养分，等待破土新生的那一刻。

第二节　数据资产管理的发展阶段

1974 年，"数据资产"这一说法首次出现，经过多年的发展，数据即资产的认知已经被社会广泛接受。数据资产化的出现，表明数据管理发生了重要转变，不再是将数据当作信息管理，而是将数据当作组织所属的资产进行管理。在这一阶段，数据资产理论体系与实践应用从新生到成熟，为数据资产管理的成长提供了充足条件。

一、数据资产的提出

2004 年，一名牺牲的美军士兵的父亲请求雅虎公司告知其儿子在雅虎的账号和密码，以获取其在雅虎账号中留下的文字、照片、E-mail 等数据，以此寄托对儿子的思念。然而，雅虎公司以隐私协议为由拒绝了该请求，无奈之下，这名父亲将雅虎公司告上法庭。这个事件引起了公众对个人数据财产、数据遗产的高度关注。

而在此之前，"数据资产"这一名词早已于 1974 年由理查德·彼得斯提出，他指出数据资产包括持有的政府债券、公司债券和实物债券等资产。2009 年，托尼·费希尔在《数据资产》中也提到数据是一种资产，企业应该把数据作为企业资产来对待。

国际数据管理协会（DAMA）也曾指出在信息时代，数据被认为是一项重要的企业资产。经过 40 多年的发展，人们对于数据资产的认识在不断深入，数据资产的内涵与范围也在不断扩展。

"数据资产"这一概念是由信息资源和数据资源的概念逐渐演变而来的。信息资源是在 20 世纪 70 年代计算机科学快速发展的背景下产生的，信息被视为与人力资源、物质资源、财务资源和自然资源同等重要的资源，高效、经济地管理组织中的信息资源是非常必要的；数据资源的概念是在 20 世纪 90 年代伴随着政府和企业的数字化转型而产生的，数据资源是有含义的数据集结到一定规模后形成的资源。

"数据资产"的名词在 20 世纪 70 年代初现，但直到 21 世纪初大数据技术逐渐兴起，数据资产概念才产生，并随着数据管理、数据应用和数字经济的发展而普及。在当前大数据背景下，数据是数字经济的关键要素，其作为基础性资源、生产资料已经得到广泛认同；世界主要国家已经在实施大数据战略。

二、数据资产认知多元

随着数据在社会经济以及企业经营决策中发挥的作用越来越重要，数据资产的概念逐渐被接受，但是相关的理论研究和具体实践还处于萌芽阶段。目前，有关数据资产的研究主要是将数据资产看作无形资产，沿用无形资产研究成果。尽管现有文献普遍认为数据资产属于无形资产的一种，但与传统的无形资产又有所差异，不同之处在于以下两个方面。

一是传统无形资产受到法律法规的保护，例如商标权等，当商标权受到恶意侵犯时，拥有商标权的主体能够有效辨识这一侵权行为并维护自身权益；而数据资产由于缺乏相关法律保护，又具有易复制性，更容易受到恶意侵害，为此权利主体需要为控制数据资产付出更多的成本。

二是传统无形资产在不同组织架构中也能实现自身价值。而对于数据资产来说，数据收集的标准不同，存储介质和格式不同，导致数据资产对于不同主体的价值创造功能存在差异。例如，某些数据是企业在生产经营活动中自建的，与该企业生产经营活动相适应，不具备移植性。

除却将数据资产看作无形资产的情况外，还存在诸多概念混

85

杂难辨的困境。

经济社会历史发展环境的不同和对"信息、数字、数据"概念认识的不同，形成了不同的名词术语，如"信息资产""数字资产""数据资产"等，在具体使用时也会出现混乱和相互替代的情形。更为严重的是，资产和资源、资本、经济等术语紧密关联，于是就有了信息资产、信息资源、信息资本、信息经济、数据资产、数据资源、数据资本、数据经济、数字资产、数字资源、数字资本和数字经济 12 个概念。

根据一些学者的总结，"信息资产"是指已经或应该被记录的具有价值或潜在价值的数据；"信息资源"作为生产要素、无形资产和社会财富，与能源、材料资源同等重要；"信息资本"是指新经济下创造价值的原材料，包括系统、数据库、图书资源和网络，并为组织提供信息和知识；"信息经济"是指以信息和知识的数字化编码为基础，数字化资源为核心生产要素，以互联网为主要载体，通过信息技术与其他领域紧密融合，形成的以信息产业以及信息通信技术对传统产业提升为主要内容的新型经济形态。

"数据资源"是指有含义的数据集结到一定规模后形成的资源；"数据资本"是生产商品和服务所必需的记录信息，拥有长期的价值，但有特有属性，如非竞争性、不可替代性、体验性；"数据经济"是指使用复杂的软件和其他工具，通过快速存储、检索和分析大量非常详细的业务和组织数据所创造的金融和经济价值。

"数字资产"则是拥有二进制形式的数据所有权，产生并存储在计算机、智能手机、数字媒体或云端等设备中；"数字资源"是指使用富媒体和跨文本、图像、声音、地图、视频和许多其他格式的对象；"数字资本"是指由新的合作关系"商业网络（bwebs）"创造的财富；"数字经济"是指以使用数字化的知识和信息作为关键生产要素、以现代信息网络作为重要载体、以信息通信技术的有效使用作为效率提升和经济结构优化的重要推动力的一系列经济活动。

这 12 个名词尽管提法不一，但大都内涵相近。诸多雷同的概念并不利于事情的健康发展，概念并存、含义相近的状态不仅给公众认知带来不便，也不利于科学研究和产业推进。

目前，有关数据资产的概念尚未发展出一个统一的、被广泛认可的概念。学界和业界对于数据资产的认知也有着多元理解，并与其他名词混合使用，这主要是因为数据资产作为一个新兴事物，还处于成长变化的状态，难以定义。

三、数据价值实现难题待解

目前对于数据资产尚未有统一的定义，因此数据资产价值也没有准确定义，基本概念的不统一导致人们对于数据资产价值的理解出现多样化，因而难以提出有效的数据价值实现解决方法。接下来，在了解数据资产价值的基础上，本书将会进一步探讨数据资产价值的影响因素，分析数据资产价值难以实现的原因。

（一）数据资产价值

数据资产价值的含义在于用一种标准化的数据语言解决当下存在的一些信息不对称的问题，旨在为没有途径观察或获取信息的人提供可靠有效的途径，降低决策成本。这主要具体体现在以下三方面。

1. 形成组织通用的语言

组织内部的各个部门由于承担不同的职责，其产生的数据及其对数据的表达方式也五花八门，从而对管理层高效地利用这些数据构成了阻碍。如果将数据进行资产化，就代表数据在企业内部作为一种通用的语言在流通，必将给企业乃至外部的数据使用者带来更大的价值。

2. 形成组织的战略资源

在大数据的时代背景下，衡量一个企业的价值将会颠覆传统的衡量标准，一家拥有价值可观的数据资产的企业，其市场估值和竞争力都会遥遥领先，因此数据资产化有助于形成企业的战略资产。

3. 明确数据资产权属问题

伴随着数据资产化进程，当下对数据权属划分不清的问题也必将加速解决，相关法律法规制度也会随着这一进程而逐渐完善。

（二）数据资产价值的影响因素

影响数据资产价值的因素有很多，以下是按照质量维度和风险维度对影响因素进行分类。

1. 质量维度

（1）真实性。数据的真实与否决定了数据是否有价值。虚假的数据不仅会导致使用者无法做出正确的判断，甚至会由于错误的判断而造成无法估量的损失。

（2）完整性。单一数据无法带来巨大的价值，只有体量庞大的数据经过挖掘分析后才能反映出有价值的指标。也就是说，数据的采集范围越大，种类越多，时间线越连续，其所构成的数据资产越有价值。

（3）准确性。在实际的数据获取工作中，常常需要专职的"数据清理工程师"来对庞大且价值密度低的数据进行清洗，将那些无效的、异常的数据排除掉，以确保数据的准确程度。

（4）成本效益。数据资产的取得以及整合分析成本在很大程度上决定了使用者是否愿意为此付出代价，根据成本效益的原则，数据获得成本越低，其所带来的经济价值就越大。对于数据资产而言，如果是自身日常生产经营所积攒的数据，其成本主要在于数据清洗以及加工上，如果从外部取得，还包括购置成本。

（5）安全性。衡量数据资产是否安全，一方面是数据拥有者的维护及防御水平；另一方面在于数据自身是否容易泄露或者受到黑客的攻击。倘若数据本身的加密程度及破解难度足够高，其他人不容易获取，那么数据持有者所付出的保护代价也越小，相应的数据资产就具有较高的价值，可以持续地为企业带来经济利益。

2. 风险维度

（1）法律限制。目前我国的法律对于哪些数据可以交易、哪些不能交易尚没有明确的规定，其中一个原因是很多数据的取得存在权属不明的情况，这是一个亟待解决的难题。如何既能合法合规地使用这些数据又不至于侵犯用户隐私，现阶段需要平衡好两者之间的关系。

（2）道德约束。数据使用者往往采取不正当手段获取数据信息，不尊重用户隐私，滥用个人信息，如常见的一些银行或者平台企业非法出售个人信息。这些行为将会对公司造成严重的舆论压力，甚至影响其品牌形象，降低消费者的信任度，无论是对数据资产的价值还是公司的价值都会造成负面影响。

（三）数据资产管理的新特征

在数据资产化逐渐成熟的背景下，数据资产管理如雨后春笋般迅速成长，在传统的数据管理基础上有了进一步发展，主要表现在以下三个方面。

一是管理视角。数据管理主要关注的是如何解决问题数据带来的损失，并没有将数据当作资产对待，从未考虑数据所带来的收益；数据资产管理是基于数据资产的成本、收益开展数据价值管理。

二是管理职能。数据资产管理针对不同的应用场景和大数据平台建设情况，相较于传统的数据管理职能（包括元数据管理、主数据管理、数据标准管理、数据模型管理等），增加了数据价值管理和数据共享管理等职能。

三是组织体系。数据资产管理相对数据管理来说，对组织体系和管理制度进行了一定程度的调整，主要从建立更专业的管理队伍和更完善的管理制度层面保障数据资产管理的实施。

在这一阶段，数据资产管理应运而生并借助大数据和数据资产化的发展开始成长壮大。

第三节　数据资产管理的完善阶段

众所周知，数据是资源，伴随着大数据时代支撑数据交换共享和数据服务应用的技术发展，不断积淀的数据开始逐渐发挥其价值。因此，数据作为一项资产，"盘活"数据可以充分释放其附加价值。但是事实上，如果缺乏恰当有效的管理手段，数据也可能会成为一项负债。同时，相较于实物资产，数据资产的管理目前还处于初级阶段，数据质量、数据安全、资产评估、资产交换交易等精细管理、价值挖掘和持续运营能力也较为薄弱。

一、数据资产管理的四个阶段

随着数据资产管理政策环境和理论、技术的阶段性发展，数据资产管理通常经历数据报表阶段、数据管理阶段、数据运营阶段和数据资产评估阶段这四个阶段。

在数据报表阶段，企业开展数据资产管理的主要目的是提高经营分析的准确性，并通过建立数据仓库来实现。

在数据管理阶段，随着数据来源和数据总量的增加，数据资产管理的目标转变为数据治理，管理对象由分析域延伸到生产域，并通过在数据库中开展数据标准管理和数据质量管理来实现。

在数据运营阶段，随着大数据技术的发展，企业数据逐步被汇总到大数据平台，形成了数据采集、计算、加工、分析等配套工具，并开展了以数据为核心生产要素的创新应用，不仅推动了企业内部业务的发展，也逐渐形成服务企业外部的数据产品。

在数据资产评估阶段，随着数据资产管理能力的进步，企业积极开展数据资产管理能力评估，不断提升管理和运营能力。

各行业积极实践数据资产管理，信息化基础较好的企业已开展至数据资产管理的第三阶段或第四阶段，处于数据资产管理第一阶段或第二阶段的企业也在快速发展。数据管理起步较早的金融、电信等行业，普遍在 2000—2010 年就开始了数据仓库的建设，建立了比较完善的数据治理体系，并于 2010 年后通过引入大数据平台，实现了企业数据的汇聚和数据应用的丰富，逐渐探索数据对外运营和服务。以四大国有银行为例，均单独成立了主管数据的一级部门，负责数据资产管理与应用、监管数据报送和外部数据合作等工作。2018 年国家金融监督管理总局发布的《银行业金融机构数据治理指引》强化了银行业数据资产管理的工作力度。三大电信运营商也在各自的信息化部门下成立了数据中心部门，统一开展数据能力建设。

近年来，三大电信运营商除了满足内部的数据应用外，还积极向外拓展，以中国电信集团有限公司和中国联合网络通信集团有限公司为例，均成立了专业的数据对外服务公司，利用开放平台和数据产品服务外部客户。数据管理起步较晚的能源、工业等行业也在积极探索数据资产管理路径。以国家电网有限公司为例，建立了大数据团队，内部自主研发大数据产品，建设统一的数据应用中心，研发了大量的电力大数据应用，于 2019 年 5 月成立了专业的大数据中心，围绕泛在电力物联网，建设总部和省级两级联动的数据中台能力，目前也正在构建较为完善的数据资产管理体系。

二、数据资产管理趋于成熟

数据资产管理是现阶段推动大数据与实体经济深度融合、新旧动能转换、经济转向高质量发展阶段的重要工作内容，受到社会各界广泛关注。并且，经历多年的发展，相关理论体系、技术平台以及实践经验都较为完备。

（一）理论体系

随着数据管理行业的成熟和发展，数据资产管理作为一门专业管理领域被人们广泛研究和总结，一些数据资产领域的专家和学者成立了数据资产管理专业论坛和组织，并面向不同的应用场景提出了多种数据资产的管理体系。

国际数据管理协会于 2009 年发布了数据管理的知识体系（DMBOK1.0），将数据管理体系划分为 10 个领域，分别是数据治理、数据操作管理、数据体系管理、数据开发、数据安全管理、参考数据和主数据管理、数据仓库和商务智能管理、文档和内容管理、元数据管理以及数据质量管理，并以此体系为理论基础，推出数据管理专业人士认证（CDMP）。2017 年 DMBOK2.0 发布，针对 2009 年第 1 版出版以来数据管理领域出现的新变化，该版本重新制定了 DAMA 数据管理框架（DAMA 车轮图），并对原书中的部分内容进行了调整、更新、补充和完善，尤其是提出了一套新制定的数据管理原则，以支持组织有效管理数据并从数据资产中获取价值。

卡内基梅隆大学旗下机构于 2014 年以软件能力成熟度集成模型（CMMI）为参考，发布了数据能力成熟度（DMM）模型，包含六大职能域：数据管理战略、数据操作、数据质量管理、数据治理、数据平台和体系、支撑流程，在中国、美国等多个国家培训了一批评估师，并在微软等公司进行了模型验证，使该模型具有较强的实践指导能力和可推广性。

全国信息安全标准化技术委员会在借鉴国外相关数据资产管理体系的基础上，于 2018 年提出了数据管理能力成熟度模型（DCMM），定义了数据管理能力成熟度评价的八大能力域：数据战略、数据治理、数据体系、数据标准、数据质量、数据安全、数据应用、数据生命周期管理。

（二）技术平台

技术平台主要包括数据采集、数据存储、数据处理和数据分析。

数据采集是指从数据生产端提取数据的过程。数据采集技术根据生产端的不同而有所不同，具体包括系统日志采集、网络数据采集和数据库采集 3 种方式。系统日志采集常用的开源技术包括 Apache Flume 和 Facebook Scribe。Apache Flume 采用分布式架构处理流式数据，保证了日志数据采集的可靠性和实时性；Facebook Scribe 的特征是分布式共享队列，提供了一定的容错性能。网络数据采集多采用合法合规的网络爬虫或网站公共 API 的方式（常用的网络爬虫系统包括 Apache Nutch 和 Scrapy 等框架），快速提取非结构化和半结构化数据。数据库采集是指通过将数据库采集系统与企业业务后台服务器相连，保证企业实时产生的业务数据可以写入数据库中，如传统的关系型数据库、NoSQL 数据库以及大数据采集技术。

数据存储是指选择适当的方式组织和存放数据。文件系统是最早使用的存储技术，将数据组织成相互独立的数据文件进行管理。数据库在文件系统的基础上发展而来，不再以文件为单位存储数据，而是以记录和字段为单位对数据进行管理，实现了数据整体的结构化。目前数据存储的方式和种类越来越丰富。

数据处理是指数据由存储端到数据汇聚端的清洗过程，通常是指由数据库到数据仓库的抽取（Extract）、转化（Transform）和加载（Load）的过程（简称 ETL）。目前，已有较为成熟的工具，以任务流的方式定时批量完成 ETL，部分工具以可视化任务流而非代码的方式配置任务，部分工具融合了数据准备和数据清洗的功能，如根据统计结果完成数据剖析。

数据分析是指通过相关技术实现对数据的深度分析和利用的过程。数据分析技术主要包括数据可视化、自动化数据建模和情景感知处理分析。数据可视化包括以 SPSS、SAS、R 为代表的基于数据分析的可视化工具，以 Google Chart API、Tableau 为代表的动态渲染可视化工具和以 Modest Maps 为代表的地图可视化工具。自动化数据建模包括谷歌公司的 Cloud AutoML、微软公司的 Custom Vision AI 等技术平台，实现以计算机自动化的方式完成传统的人工智能（Artificial Intelligence，AI）模型训练过程。情景感知处理分析的核心技术包括情景信息采集技术、情景信息建模技术、情景信息处理技术。

（三）具体实践

数据资产管理不仅仅是科学研究关注的话题。近年来，国家、政府、行业等都越来越重视数据资产管理，并开展了诸多实践工作。

国家层面，世界上很多国家都制定并实施大数据战略，并出台相关政策文件，完善相关法律法规。2018 年 5 月 25 日，《通用数据保护条例》（GDPR）正式在欧盟实施。数据合规性与数据跨境流动成为各国关注重点，各国关注重点包含了数据主权、隐私保护、法律适用与管辖乃至国际贸易规则等内容。

政府层面，在政府数据开放的背景下，政府部门愈发重视对政府所拥有的数据的应用及其价值的实现。政府数据资产管理的具体实践主要体现在：地方政府纷纷设立数据资产管理机构；出台相关办法文件用以指导工作的开展；设立数据中心；等等。

行业层面，部分行业早已开展数据资产管理的实践应用，诸如金融行业、三大移动运营商以及互联网行业等，这些行业多年发展积累了海量的高质量数据，有了技术进步和理论体系的加持，在开展数据资产管理方面进展可观。

三、数据资产管理的新特征

随着管理的数据对象越发复杂，数据处理技术越发成熟，数据应用范围越发广泛，数据资产管理在数据处理架构、组织职能、管理手段等方面逐渐呈现出一些新的特点和发展趋势。

（一）数据管理对象变化

数据作为数据资产管理的对象，在近些年体现出规模海量、来源多样、格式繁杂、采集实时等特征。在数据量方面，单一机构的数据规模由以前的 GB 级上升到 TB 级，甚至 PB 级、EB 级，数据增速快。在数据格式种类方面，除传统的结构化数据之外，文本数据、图像数据、语音数据、视频数据等半结构化数据或非结构化数据占比越来越大，种类日益丰富。在数据来源方面，数据既包括内部数据，也包括来自第三方的外部数据，既包括传统业务处理采集的业务数据，也包括手机终端、传感器、机器设备、网站网络、日志等产生的数据。同时，由于秒级或者毫秒级的响应将帮助企业更快地洞察与分析数据，实时数据正在成为企业数据重要的管理对象。目前实时数据采集和处理已广泛应用于互联网、零售、电力、交通等多个行业，利用物联网、实时数据库等技术实现交易实时处理、生产实时监控、交通实时调控等。

（二）处理架构更新换代

处理架构的更新换代体现在以下几个方面。一是数据处理的底层架构向云平台和分布式系统迁移。Gartner 在 2018 年针对数据和分析方式的调查结果表明，63%的企业目前使用最普遍的信息基础架构技术是"基于云平台的数据存储"。同时以 Hadoop、Spark 等分布式技术和组件为核心的"计算&存储混搭"的数据处理架构，能够支持批量和实时的数据加载以及灵活的业务需求。二是数据的预处理流程正在从传统的 ETL 结构向 ELT 转变。传统的数据集成处理架构是 ETL 结构，是构建数据仓库的重要一环，即用户从数据源抽取出所需的数据，经过数据清洗，将数据加载到数据仓库中去。而大数据背景下的架构体系是 ELT 结构，其根据上层的应用需求，随时从数据湖中抽取想要的原始数据进行建模分析。

（三）组织职能升级变迁

传统的管理制度体系中，数据管理职能主要由 IT 部门来负责，是 IT 部门的一项工作，业务部门配合 IT 部门执行数据管理，提出需求。随着数据分析与业务融合越来越深入，业务部门逐步成为大数据应用的主角，因而数据资产管理在企业中扮演着越来越重要的角色。出现了越来越多的企业设置专门的"数据管理"职能部门或首席数据官（Chief Data Officer，CDO）岗位。在这种变迁背景下，数据管理的组织架构也面临革新的需求。

（四）管理手段自动智能

依靠"手工人力"的电子表格数据治理模式即将被"自动智能"的"专业工具"取代，越来越多的数据管理员、业务分析师和数据领导者采用"平台工具"增强企业的数据管理能力，包括梳理元数据、管理主数据，优化数据集成、提升数据质量等。具体来说，机器学习和人工智能通过自动提取元数据，将不同的数据进行关联并分析；通过配置和优化主数据，使主数据的管理更加便捷和准确；通过语义分析实现相同数据源的连接，简化数据集成流程；通过增强数据的分析、清理和识别，提升数据质量。同时，随着智能优化技术不断引入到数据管理活动中，数据间的多维关系将被自动化识别和可视化展现，帮助用户高效探索数据和分析数据，降低数据使用门槛，有助于非专业人士成为数据使用者，扩大数据的使用对象和应用范围。

（五）应用范围不断扩大

数据资产管理的应用不仅仅局限于拥有海量数据或强大数据处理能力的机构，任何一个机构都可以成为数据资产化管理的实践者。选择一个小型且效果明显的项目实施数据资产管理，也可以成为逐步构建完整数据资产管理体系的良好开端。此外，数据资产的应用范围已经从传统的企业内部应用为主发展为支撑内部和服务外部并重，数据资产应用和服务范围的扩大成为企业战略发展的一部分，实现数据资产从保值到增值的跨越。

第五章
数据资产管理

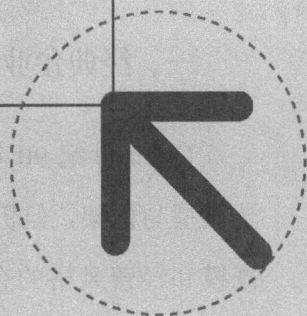

第一节　数据管理的模型与体系

数据资产是企业数据中经过筛选和标准化加工，被赋予了一定经济属性的部分。数据治理是企业数据资产形成的必经之路，为企业数据资产治理提供基本保障。反之，企业数据资产治理是企业数据治理中最能凸显数据经济价值的部分。

一、经典企业数据治理模型述评

自 20 世纪 90 年代以来，数据治理领域虽然已经形成了若干经典模型与框架，但仍存在着诸多不确定和模糊之处，有待不同行业、规模和经营风格的企业的经验予以验证、完善和补充。从实践的角度看，加强数据治理已经刻不容缓，而许多企业管理者对此仍比较陌生，缺少专业训练和经验。从零摸索和搭建数据治理体系并不经济，更好的解决办法是结合企业实际情况和数据管理需求，借鉴经典模型构建数据治理体系。本节在梳理经典企业数据治理模型的基础上，从企业数据治理的环境驱动、利益相关者、目标与功能、工作内容、原则与规范等维度探讨企业数据治理体系的基本构架和运行逻辑，以期为企业管理者提供全景式参考。

（一）DAMA 模型

作为一个专注于数据管理和数字化转型的非营利组织，国际数据管理协会（DAMA）长期致力于探讨数据管理领域的最前沿问题，同时聚焦数据管理在各行业中的最新进展和应用。DAMA 提出的模型将企业数据治理活动视为一个在数据治理目标指导下，运用一定数据治理工具运转起来的中介系统。左侧箭头象征着对这一系统的"输入"，主要包括战略需求与规范的信息以及人力的投入；另一端是该系统的"产出"。

数据治理目标。明确数据治理工作的用力方向，主要包括定义、批准并传达数据策略、政策、标准、架构、程序和指标；追踪和执行监管合规性以及数据政策、标准、架构和程序的合规性；资助、跟踪和监管数据管理项目和服务的交付；管理和解决数据相关问题；理解并促进数据资产的价值。

数据治理"输入"。数据治理活动需要兼顾企业业务、信息化建设和数据需求。企业数据治理执行者在充分了解业务部门、IT 部门和数据相关部门的战略目标和需求的情况下，联合业务主管、IT 主管、数据管理员和监管实体等数据治理"供应者"（Suppliers）共同进行数据治理活动。

数据治理"输出"。企业数据治理的成果主要包括：

（1）主要交付物：数据政策、数据标准、问题解决、数据管理项目和服务、高质量数据和信息、受认可的数据价值等；

（2）数据管理评价体系，包括数据价值、数据管理成本、目标实现情况、管理员代表/覆盖范围、数据专业人员、数据管理成熟度等；

（3）为不同"消费者"提供的数据治理服务。

数据治理利益相关者。输入涉及对企业数据治理工作负主要责任的"参与者"，如执行/协调/业务数据管理员、数据专家、数据管理执行者和首席信息官等，以及为之提供支持与协助的"供应者"，如业务主管、IT 主管、数据管理员和监管实体等。"消费者"即数据治理产出成果的获益者，如知识工作者、经理与行政人员、数据专家和企业客户等。

数据治理活动。数据管理规划活动包括：理解战略性产业数据需求，发展和维护数据战略，确定数据专业人员的作用与组织，确定和任命数据管理人员，建立数据治理和管理组织，制定和批准数据政策、标准和程序，审查和批准数据架构，规划和资助数据管理项目和服务，评估数据资产价值和相关成本。数据管理控制活动包括：监管数据专业组织和工作人员，协调数据治理活动，管理和解决数据相关事务，监督和确保遵守法规，监控和执行数据政策、标准和架构的一致性，监督数据管理项目和服务，沟通和宣传数据资产的价值。

数据治理工具。主要包括企业内网，电子邮件、元数据工具、元数据仓储、事务管理工具、数据治理 KPI 和面板等。

（二）DGI 模型

国际数据治理研究所（DGI）是与 DAMA 齐名的机构。DGI 将企业数据治理视为数据管理实务之上的叠加层，与业务和 IT 流程存在一定的互动。DGI 认为一个成熟的企业数据治理项目需要考虑以下三个方面的问题：

数据治理的人力与组织。关于由谁来主持和参与企业数据治理活动，DGI 认为要同时吸纳企业数据管理人员和其他数据利益相关者，可以组建专门的数据治理办公室（Data Governance Office）负责主持和协调。

数据治理的流程与机制。流程指数据治理活动的时间与顺序安排，包括价值申明、确定路径、计划与资金筹备、项目设计、项目部署、项目实施和绩效考核 7 个步骤。这些流程的执行离不开行之有效的协同工作机制，主要包括决策、责任和管控机制。

数据治理的目标与内容。DGI 认为，常规的数据治理目标包括：实现更好的决策制定，满足各利益相关者的需求，创建标准化、可重复的治理流程，通过协同工作减少治理成本，确保数据治理过程的公开透明化等。在此基础上，还可以沿着数据政策、标准和战略制定，数据质量提升，数据安全与合规，数据架构与集成，数据仓储和商业智能，数据管理支持这 6 个侧重领域进一步对治理目标进行细分。在明确了数据治理目标体系之后，管理者应进一步思考如何为治理项目筹措资金，争取其他部门的支持，以及如何评判治理目标的完成情况，着手建立企业数据治理的评价指标体系。

（三）ISACA 模型

国际信息系统审计和控制协会（Information Systems Audit and Control Association，ISACA）是一个致力于为使用信息系统的企业提供指导、基准和治理工具的非营利性协会，目前在全球 180 多个国家拥有超过 11 万名工作于信息技术专业岗位的会员。它制定的 COBIT 框架是业内公认最佳的开放性 IT 治理框架。尽管如此，ISACA 的数据治理模型却并不仅仅关注数据对于 IT 治理的作用，而是将其视为一种由企业内部人员进行处理的资产。除了 DAMA 模型和 DGI 模型中已有的人事安排、治理流程、治理技术之外，ISACA 还考虑了企业文化、培训与数据治理意识、企业管理指标、行政资助等外围的环境驱动因素。

纵观上述数据治理模型，大体包含"务虚"和"务实"两个方面："务虚"指企业内部通过会议商讨并就数据治理的目标、原则、方式、规范等问题达成理论上的一致。"务实"是企业管理者根据既定理论方向，通过实施一系列政策与流程实现企业数据相关事务与活动的管控，二者缺一不可且相互关联和促进。此外，如若将企业数据治理看作一个企业功能子系统，它势必会受到企业内外部因素的驱动和影响，并与其他功能子系统，如财务、法务、IT 等部门产生互动。这种互动不总是有利于企业发展的，因此需要管理者站在企业经营全景的角度，充分考虑企业内外的主客观因素，使企业数据治理活动与其他治理活动形成良好的衔接与互惠，以便为企业积累更多优质数据资产并充分挖掘其价值。

二、企业数据治理体系的基础构件与运行逻辑

作为一种更高层次的数据管理，企业数据治理本质上遵循的是一种"元管理"——关于管理的思想。出色的数据治理水平能够为企业数据实务的顺利进行提供管理保障。细究之下，除了对企业数据实务进行管控，企业数据治理还应包括对数据治理主体和活动的自我管理和完善。这是企业数据治理体系的第一重划分维度。在明确了治理对象之后，我们便可以开始对企业数据治理体系进行建构。

从理论的角度，我们可以将企业数据治理抽象成规则域、决策域、执行域三个部分。规则域即对企业数据活动的顶层设计，是一系列规章制度、标准化工作流程和机制的集合。它的作用在于为企

业数据管理提供战略性、原则性和纲要性的指导，明确了企业数据活动的框架和行为准则，包含对具体数据行为的激励、惩罚和预防方法。

决策域包括对企业数据管理决策权的动态分配情况。它居于规则域和执行域之间，发挥着中央调控的作用。在这里，数据治理主体通过一系列的决策和调控指令，使企业数据管理和其他数据事务与企业战略目标和数据治理规则保持一致。执行域即数据治理活动的集合，它比决策域更加接近数据管理的前线，也是数据治理的终点。数据治理只有落实于具体行动和举措才能真正实现对企业数据事务的管控。

从实务的角度，一套完整的企业数据治理体系通常包括以下 6 个版块。

（1）背景与情境（Environment&Context）。企业数据治理扎根于一定的现实条件和情境之中，具有特定的社会与企业文化背景。该部分解决的问题是：企业数据治理项目将受到哪些环境因素的驱动、赋能和制约？在数据治理项目的任何环节，项目团队都需要时刻关注项目所处环境的状态与动态，以便协调数据治理项目（部门）与其他部门的互动关系，可沿着两个方向进行：一是特定数据文化氛围下，数据治理项目与企业其他部门的互动。一方面，数据治理的顺利开展需要其他部门的支持与配合，如：征询公司法务、各部门负责人和管理层的意见以确保数据治理活动的合规性，在技术与工具上向 IT 部门寻求支援，请求人力资源部门为之招揽和选拔数据专业人才，向财务部门争取更多资金支持，等等。另一方面，数据治理项目有义务引领企业数据团队为其他部门提供数据服务与决策支持，故而需要充分了解其他业务与行政部门的数据需求，评估现有服务水平与理想状态的差距，为数据治理目标与工作内容的制定寻求依据。二是数据治理项目与企业外部环境的互动。数据治理项目除了对内提供服务之外，也可能直接从企业外部寻求支持与发展机会，这有赖于项目团队对数据市场行情与氛围的感知与情报分析，比如国际与国内的数据法规政策动态、数据市场与企业所在行业市场的发展现状与趋势等，据此可在更大范围内找准企业数据治理项目的定位和参考标杆，为长远发展制定规划和行动框架。

（2）目标与功能（Goals&Functions）。该部分具体解决的问题包括：企业数据治理项目应该朝怎样的方向进行，预期或期望其为企业成功做出何种贡献？应当为企业数据管理活动制定怎样的目标体系？数据治理作为企业的一个功能子系统，其发展目标势必要与企业的战略目标保持一致。数据治理工作既要围绕企业发展进行"公转"，接受企业高层的领导与协调；尽其所能地为业务开展提供动力，同时也要进行一定程度的"自转"，为数据管理争取充分的自主权和自由活动的空间。在协调好这一重要关系的基础上，数据治理团队可以根据企业数据管理的现状、能力和需求进行目标体系的制定。

（3）组织与培训（Organization&Training）。企业数据治理活动应具备明确的主体，它可以是一个长期存在的独立部门，也可能是临时组建的项目组。数据治理组织在为企业数据管理制订人力资源计划的同时，也要不断进行自我调整和提升。该部分需要解决的问题包括：企业数据治理项目涉及哪些利益相关者？由谁和以何种方式组成企业数据治理的主体？如何分配数据管理相关的角色、职责和权利，建立科学合理的人事管理和激励制度？如何优化企业数据管理团队的结构，提升其业务水平？企业员工需要具备哪些以及何种水平的数据技能和素养？企业可以为其提供怎样的数据培训和成长路径？

（4）流程与机制（Procedures&Mechanism）。在既定数据治理目标与原则下，数据治理组织需要对治理活动做出安排，通过反复试验和理论沉淀，形成一套相对稳定的标准化流程和工作机制，实现对企业数据活动的管控和协调，减少数据管理活动之间的摩擦和内耗，将其整合进一个科学合理的行动框架之中。该部分需要解决的问题包括：如何对数据治理活动进行时序和空间上的安排和协调？企业数据管理活动应遵循哪些标准和规范？如何确保数据治理活动的合规性？

（5）绩效与评估（Efficiency&Assessment）。数据治理项目启动之后，必然会涉及运行效率和成果评估的问题，对企业数据资产和管理活动进行检测和评估也是数据治理的工作内容。因此，本部分需要解决的问题包括：数据治理组织是否以及如何发挥了预期的作用？如何测量和评估企业数据管理体系的成熟度？企业数据资产的审计与价值评估有哪些指标？如何避免评估工作受到不良因素的干扰？

（6）技术与工具（Technique&Tools）。前面谈到，数字化与信息化是数据治理的必然趋势。数据治理组织需要评估信息技术的应用给企业数据管理活动带来的效益和风险，和企业 IT 部门一起进行合理的技术架构设计。该部分需要解决的问题包括：企业数据管理活动有哪些技术与工具需求？如何检测和评估企业数据管理技术和工具的使用情况？如何为企业数据管理提供更好的技术与工具？

第二节　数据资产治理的组织建构

作为一项典型的跨部门协作工作，企业数据治理需要建立一个集中的数据治理实体负责规划、执行和协调相关工作。这个实体可能被称作数据治理办公室（Data Governance Office）或者数据治理委员会（Data Governance Committee），数据治理主管头衔可能是首席数据官（Chief Data Officer，CDO）、数据治理办公室主任等。

一、组织建构的原则与前提条件

数据资产治理的组织建构需要遵循以下原则。

（1）企业利益至上。企业数据治理的最终目标是帮助企业为客户创造价值，实现利益最大化；企业数据治理组织的核心任务是提升企业数据管理水平，优化企业数据资产结构，促进企业数据资产增值，为企业部门及客户提供优质的数据服务。

（2）各方通力合作。作为企业数据资产的代理人和数据业务的协调者，企业数据治理组织理应明确和熟悉企业利益相关方的数据需求与能力，尊重和保障其数据权益，尽可能减少各方在数据问题上的摩擦与冲突。同时，企业数据治理组织应负责鼓励和支持各方参与企业数据治理，及时和竭力为各方开展数据相关业务提供领导以及技术、资金、政策等方面的支持。

（3）分工科学合理。企业数据治理组织应在综合考量数据治理目标、数据业务现状、数据管理能力等因素的基础上划分工作职能，为之设置数量合理、职责与能力要求清晰的岗位，与人力资源部门合作建立数据治理和实务人才的招聘、选拔、培养机制和标准，确保为每个岗位配备与之匹配的专业人才。

（4）长期持续发展。数据治理非一日之功，企业应时刻关注数据治理领域的最新进展与发展趋势，坚持长期稳定地投入与推进，杜绝一时冲动地追赶潮流。

基于上述原则，企业在正式开始组建数据治理组织之前，还需要对组织建构的现实条件和具体要求展开调研和评估。具体来说，负责牵头组织建构的管理者需要和企业高层、企业部门主管与员工就以下方面进行充分的沟通：对数据治理和数据质量的认知和重视程度；愿意且能够为数据治理提供资金、行政、技术等方面的支持；对数据治理的需求、期望和初步设想；对数据治理的疑问、担忧和希望规避的风险。

二、数据资产治理的组织模式

一个企业的数据资产治理组织可以是简单或复杂的、集中或分散的、垂直或扁平的。企业采取的数据治理组织模式通常是综合考虑企业规模、地理分布、产品与业务结构、企业治理架构和管理风格等主客观因素的结果。一般而言，规模越小，地域分布越集中，产品与业务结构越简单的企业适合选择集中性强的扁平化模式。反之则可能更适合有多层垂直结构和分支的联合治理模式。在这里，我们尝试给出几种基本组织模式以供参考。

（1）单一集中模式。这一模式的特点是分工很粗，极少或基本没有技术专家结构，管理层次也非常少。在这种模式下，数据治理的决策权掌握在极个别主管或小范围的治理团体手中。他们倾向于对数据治理活动进行直接领导、监督和控制，底下的分工可能是按照数据管理职能，也可能是按照数据治理项目。该模式的优点是简单灵活、沟通便捷、治理成本低；缺点是数据治理权力过于集中，过于依赖主管的治理才能和判断。

（2）垂直行政模式。该模式的特点是数据治理的专业化程度高，有较强的技术专家结构，决策权力较为集中。其主要优点是标准化程度和工作效率都很高。

（3）分布式项目模式。一些企业可能更适应长期以项目制的形式，通过纵向分权和成果标准化协调开展具有较强针对性的专项数据治理行动，那么便可以采取分布式项目模式。在这种模式下，各个数据治理项目相互独立，其内部会根据治理目标和实际工作需要从企业的财务、人力、法务、技术和后勤等职能部门中抽调员工，形成内部的行政机构。企业数据治理主管会赋予每个项目一定的自主权，更多地发挥监管、参谋、协调和支持作用。该模式的优点是有利于培养数据治理专项人才，减轻高级管理人员的负担，使其将更多注意力集中在数据治理的重大战略决策上；缺点是各个数据治理项目小组可能会过于看重和维护自身利益，缺乏对全局数据治理目标和利益的考量，项目之间容易产生冲突和摩擦，徒增内耗，并且可能造成数据治理组织过于臃肿庞大，从而影响企业常规职能部门的工作。

三、数据管理员的角色与岗位

在确定采用何种组织模式之后，便可以着手设置相关岗位。根据前文所述理论，数据管理员在数据治理活动中可能充当的角色包括数据治理的规则制定者、决策者、执行者和协调者。具体的数据管理员岗位设置可以沿着以下两个思路进行。

（1）根据企业数据实务，企业可以考虑设置对数据资产所有权、数据架构、数据建模、数据集成、数据库管理和操作、数据安全和隐私、主数据/元数据/参考数据管理、数据质量管理、数据仓库与操作等数据事务的专职数据管理员。

（2）根据企业数据治理职能，在数据治理主管之下，企业可以考虑设置负责技术、财务、标准、人事等方面从事数据治理细分工作的专员岗位。

四、数据管理员的能力与素质

数据管理是一项技术含量较高、追求理性和精确度的知识密集型工作。相比于普通的 IT 员工，企业数据管理员的能力要求更加全面，需要兼顾 IT 技术、财务与管理和数据科学领域的知识与技能。即便是同一个数据管理员岗位，不同企业也可能会提出不同的能力与素质要求。从经济性的角度考虑，我们不建议从零开始构建企业数据管理员的胜任力体系。胜任力研究领域已经有三个现成的、经过大量经验验证过的经典模型——胜任力冰山模型、胜任力洋葱模型和胜任力辞典模型能够提供一些基本方向。企业管理者可以任选其中一种或数种作为初始模型，也可以参照现成的胜任力框架，比如美国劳工部职业信息网络（Occupational Information Network，O*NET）临床数据管理员（Clinical Data Manager，CDM）胜任力框架。在借助这些外部参考的情况下，回归到自身现实，企业管理者一般需要根据工作分配的情况决定需要哪些数据管理人员具备哪些能力和素质。

第三节　数据资产治理的流程制度

一、数据资产全周期治理

全周期管理指企业对生产要素和产品的生命周期，以及生产、销售、服务、管理等经营活动与过程划分为萌芽、成长、成熟、衰退等若干阶段，对每个阶段实施跟踪与介入，全过程保证对企业生产要素和经营活动的监管和调控。它注重从系统要素、结构功能、运行机制、过程结果等层面对企业经营活动进行全周期的统筹和全过程整合，进而推进企业经营从前期预判、中期执行到后期复盘总结，使每个治理环节都能协同有序地高效运行。

鉴于企业数据资产治理是一个动态的复杂系统，我们有必要引入全周期管理的理念与方法，以确保企业数据资产治理的完整性与连续性，其精髓体现于下述 4 个方面。

（1）事前防范。企业数据资产治理需要做到源头治理和早期控制，以赢得工作上的主动，帮助企业预防和规避数据资产违规行为以及与之相关的矛盾与风险。

（2）精准管控。企业数据资产治理应时刻关注和主动适应企业数据活动与情势的变化，及时调整治理策略和实施办法，以提升企业数据资产及相关活动管控的精确性。

（3）系统反思。企业数据资产治理应积极开展全方位的经验总结、反思和提升，持续加强数据资产治理体制创新和制度建设，推进数据资产治理流程的科学化与规范化，充分发挥数据资产政策与举措的总体效应。

（4）效能转化。企业数据资产治理应增强产出意识，重视治理效能的提升、输出与转化，充分发挥企业数据资产治理制度的优势。

二、以数据生命周期为主线的治理流程

我们可以从企业数据的存在状态和企业数据行为来对企业数据资产的生命周期进行划分。按照数据存在状态可以分为数据生成期、数据活跃期、数据衰退期、数据闲置期、数据销毁期。数据生成后会被用于查询、重组、集成、复制等各种活动，从而进入数据的活跃期。随着数据可用性和活跃度的减弱，企业数据开始进入衰退期，直到被闲置一旁直至最终销毁。企业数据行为的变化往往会引发数据状态的改变，是进行数据治理的最佳着力点，一般包括数据采集、数据加工、数据组织、数据存储、数据检索、数据开发、数据传输与交换、数据销毁等环节。这种思路能够有效帮助企业从宏观层面

制定常态化的数据资产治理流程，明确数据资产治理的范畴和各板块的衔接与配合逻辑。类似地，依据企业数据资产行为，可对企业数据资产购建、审计、迁移、保管、调用、维护、销毁等环节制定业务流程规范。以数据资产采购为例，数据治理组织首先要负责制定数据产品与服务采购程序规范，以及数据产品与服务及其供货商评价和合作标准。具体需要其负责的流程包括：审理和批准数据产品与服务预算和采购方案，主持数据产品与服务采购的验收会，向上级通报采购情况，等等。

三、以项目周期为主线的治理流程

一个完整的企业数据资产治理项目包括启动、规划、执行、验收和复盘五个环节。在启动环节，需要组建一个临时的治理项目小组在相关部门间展开数据治理现状调研，辨识当前企业数据业务与活动存在的问题和需求，据此向上级治理部门进行项目申报。项目审批后开始进行治理规划，具体包括治理目标、内容和预期效果、治理人员组织、时间规划、工作机制、激励制度和预算成本等方面。在项目执行的过程中，不仅要深入到企业数据相关群体、业务与活动中，致力于为其解决数据资产方面的问题，还要对项目的运行进行实时监测和成本管控。在项目验收环节，治理小组应主动邀请企业内部相关人员和其他重要利益相关者，甚至学界和业内的数据治理专家对项目进行评估与验收。结项后，治理小组还应对项目过程进行复盘，进一步总结经验，探讨改进措施，争取更多成果汇报的机会，以扩大数据治理的影响力。

第四节　数据资产治理的绩效管理

一、数据资产治理的绩效评估

鉴于企业数据资产治理的目标是通过提升企业数据管理水平以实现企业数据资产的增值，我们可以通过比较治理前后的数据管理水平（包括数据战略、数据架构、数据应用、数据安全、数据质量、数据标准等方面）和数据资产估值的变化来评判企业数据资产治理的效益，前提是确定这种提升确实是由既有的数据治理活动直接或间接引起的。此外，数据资产治理体系成熟度也是评估数据资产治理的重要指标。根据我国首个数据管理领域的国家标准 DCMM，主要涉及以下三个方面。

（1）数据治理组织。企业在多大程度上建立和完善了数据资产治理组织架构和对应的工作流程机制，数据管理的归口是否明确，是否为之设置了足够的岗位，以及面向数据管理和应用战略的绩效考核体系的健全程度等。

（2）数据治理制度。企业在多大程度上建立和完善了数据制度框架，合理制定了数据管理和应用领域、各数据职能领域内的行动目标、原则、任务、方式和可采取的一般步骤和具体措施；是否及时进行了数据制度的发布、宣传、培训和实施工作以确保制度的运行等。

（3）数据治理沟通。企业在多大程度上保证所有利益相关者能够及时了解相关政策、标准、流程、角色、职责、计划的最新情况，通过培训使其具备相关的数据知识和技能，在多大程度上促成了所有利益相关者数据资产意识的提升和良性数据文化的构建。

DCMM 模型将数据治理用初始级、管理级、稳健级、量化管理级和优化级五个等级对上述三项数据治理能力发展水平进行了划分和描述，可供企业参考。

从企业数据治理经济性的角度来讲，我们还应对企业数据治理的成本进行核算和评估，即企业达到一定数据治理水平而付出的时间、人力、物力等成本及其管控情况。只有明确每一分投入所产生的价值大小和维度，才能更好地对数据治理活动进行成本管控。这一点 DCMM 模型中未曾强调，却是企业不得不面临的问题——企业是否有能力负担当前数据资产治理体系的建设与运维成本？是否对相关预算进行了合理的分配？在未来如何可以在无损于治理效果的情况下精简相应的预算，削减不必要的开支？企业需要向利益相关者汇报资金使用情况，以说明在数据治理上的投资是明智且不可或缺的。

关于实施评估的方法，最直接的是引入一套已然成熟的评价指标，由专门的绩效管理部门经由特定的流程和方法负责实施评估。有条件的企业可以利用信息化技术进行"埋点"以形成面板数据，作为绩效考评的参考。这种硬指标通常脱胎于企业管理的数据治理观念和对其成功的定义，能够反映企业数据治理体系的整体运转情况，供身处其中的企业组织、员工或其他利益相关者了解数据治理的全貌。除了这种相对客观的方式，数据治理组织还可通过问卷调查、访谈交流等方式了解数据治理体系其他利益相关者与行动者基于自身对数据治理成果的理解与期望而对数据治理工作产生的评价，如：数据治理组织是否能够有效地领导和协调企业数据管理工作，所施行的数据治理措施与政策是否能够发挥预期效用，对数据治理组织所提供的数据管理服务是否满意，等等，调查结果可通过内部书面报告的形式予以呈现。

二、数据资产治理绩效的提升策略

通常来说，企业数据资产治理绩效主要受三方面因素的影响：其一，数据治理文化氛围，指企业高层管理者、企业数据管理员等利益相关者对治理的认知、理解和重视程度；其二，数据治理结构，指有关数据治理的组织单元、角色、职责的设置和具体管理制度的安排；其三，数据治理沟通效率，指数据治理实施过程中针对未解决关键问题的沟通、协调渠道、平台和相关管理制度。一个企业的数据治理文化越成熟越健康，治理结构越科学，沟通效率越高，数据资产治理成功的概率便越大。数据资产治理绩效的提升可由此着手。

第六章
数据资产管理实践

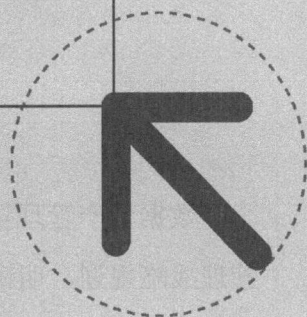

数据资产管理的实施是一个长期的系统工程，涉及企业的战略决策、生产经营和各业务职能领域。数据资产管理可参考"顶层设计→落地执行→稽核检查→资产运营"四个阶段的方法策略执行，明确数据资产管理的战略规划、目标、标准规范，保障数据资产管理实施阶段涉及各管理职能有效落地执行，最终实现数据资产管理价值。以业务应用目标为指引，数据成熟度不同的企业开展数据资产管理的具体步骤和实施内容要根据自身情况制定。

第一节　顶层设计

数据资产管理第一阶段是顶层架构规划的过程，制定数据资产管理战略规划，明确数据资产管理目标，设计建立数据资产管理组织责任体系和制度作为保障措施，盘点数据资产，制定数据资产标准规范等，该阶段成果是后续工作的基础。

一、建立组织责任体系

一般情况下，数据资产管理顶层设计的第一步是建立组织责任体系，并根据自身情况，制定数据资产管理制度规范。需要建立一套独立完整的关于数据资产管理的组织机构，明确各级角色和职责，确定兼职和专职人员，保障数据资产管理的各项管理办法、规章制度、工作流程的实施，推进数据资产管理工作的有序开展，并逐步形成管理及技术的专业人才团队。

（一）组织架构

数据资产管理的组织架构是指从事和涉及数据资产管理各项工作的人员的组织方式，由决策管理层、组织协调层、执行层和监督层组成。

决策管理层是数据资产管理委员会，由公司主管领导和各业务部门领导组成，负责贯彻落实国家有关数据资产管理的相关法律、规定、方针和政策，制定数据资产管理战略规划，建设数据资产管理体系，在数据决策方出现问题时负责仲裁，为数据资产管理提供高层支持，有条件的话可设置首席数据官（CDO）或指定高级管理人员负责。

组织协调层是数据资产管理办公室，统筹数据资产管理资源配置，组织制定企业数据资产管理办法、实施细则、数据标准等，并报决策层审批，同时负责组织数据资产管理效果评价，制定考核制度。

执行层是依据管理层的要求构建的团队，具体执行数据资产管理的各项工作，包括业务部门（数据提供者、数据开发者、数据消费者）、下属单位和信息部门，业务部门是数据资产管理执行工作的主体，应负责落实数据资产管理相关制度规范、数据标准要求、数据质量控制机制等，确保各项工作符合企业数据资产管理战略规划的要求。

监督层是为了确保数据资产管理过程符合法律法规和企业制度要求而法定必设和常设的机构，包括管理监督小组和执行监督小组，管理监督小组负责对管理层制定的各项制度进行监督，确保合法合规，依据问责机制规定对高级管理层和相关部门及负责人予以问责，执行监督小组负责对具体落地实施过程中的各项工作进行监督，及时发现问题或潜在风险。

沟通顺畅、统一协调、各司其职、合作高效的组织架构是数据资产管理各项工作能够顺利落地实施的基础，建立组织责任体系要明确企业数据资产管理对应的责任主体和各层级组织机构的职责分工、角色权限、人员配置和技能需求。企业应对公司全体员工进行数据资产管理相关的培训，提高全员对数据资产管理重要性的认识，树立数据资产是企业核心资产的意识，营造良好的数据资产管理氛围。

（二）数据资产管理认责

Gartner 在 2008 年的一份报告中指出："以提升数据质量为己任的企业必须指派数据管理人员。数据认责若要成功，企业文化必须转变，数据应视为竞争性资产而非不得已而为之的手段。"数据资产认责的主要内涵是确定数据资产管理工作相关各方的责任和关系，包括数据资产管理过程中的决策、执行、解释、汇报、协调等活动的参与方和责任方，以及各方承担的角色和职责等。数据资产认责是提高数据质量的第一步，也是最重要的一步，是保障数据资产管理在各领域、各环节工作落到实处的有效手段。

（三）主要交付物

（1）《数据资产管理规划》：包括数据资产管理的目标、意义、原则、管理范围等，贯穿数据资产管理全过程，用于研究并构建数据资产管理理论框架，明确数据资产管理的组织体系和职责，统一和规范数据资产管理各流程的内容，提升数据资产运营活力和效率，挖掘数据资产的价值。

（2）《数据资产管理认责机制》：形成由数据资产管理负责部门牵头的、全员参与的主动认责文化，使全员能够主动沟通剖析和快速响应出现的认责问题；建立统一的认责流程并持续优化；细化和落实各类数据认责流程、管理办法，并将数据认责纳入企业绩效考核体系当中；执行基于数据域的数据认责模式，数据域的划分清晰且合理，厘清各部门、各小组以及各参与人所承担的角色职责，全面推广数据认责。

（3）《数据资产管理工作指引》：《数据资产管理规划》的从属文件，用于解释具体的数据资产管理工作内容和方法，指导企业加强数据资产管理，提高数据资产质量，发挥数据资产价值，指引企业数据资产管理执行工作的落地实施。

（4）《数据资产管理考核评价办法》：数据资产管理考核的纲领性文件，包括考核的基本原则、考核形式、考核内容、考核周期、考核程序等。数据资产质量工作考核是数据质量管理制度和数据质量标准能够实施落地的重要保障，因而需要通过系统的方法定期评估各单位、各部门的数据资产管理水平，提升相关人员的数据资产管理意识，以及各单位、各部门的数据资产管理水平。从数据资产管理水平和数据资产健康水平两个维度进行考核，促进数据质量管理制度、标准执行落地。其中，数据资产管理水平是从组织与推进、制度建设、工作流程三个方面进行评价，侧重于各单位、各部门的日常工作和业务过程考核，属于定性评价指标，适用于数据资产管理办公室对数据资产管理工作进行总体评价；数据资产健康水平侧重于各单位、各部门的结果考核，属于定量考核指标，适用于各业务部门考核本部门数据资产的健康水平。

二、编制数据资产目录

顶层设计第二步是结合具体业务盘点数据资产，评估当前数据资产管理能力，编制数据资产目录。对基础数据的盘点是开展数据资产管理工作的前提之一，需要分析企业战略及业务现状，结合当前大数据现状及未来发展趋势，盘点企业内外部数据现状，确立数据资产管理的目标，并逐步实施需求调研、盘点资产、采集汇聚等专题任务。与此同时，了解企业数据来源、数据采集手段和硬件设备情况，以定位自身数据资产管理能力，规划未来数据资产管理成熟度提升方案。目前，盘点数据资产、编制数据资产目录已经成为数据资产管理工作中不可或缺的一个环节。企业在识别出自身数据资产的基础上，进一步编制数据资产目录，可查询、追溯、共享数据，能够帮助执行人员更好地理解、使用以及分析数据。

（一）数据资产目录编制方法

数据资产目录编制方法主要有两种：

（1）系统视角。该方法以企业目前的核心系统为主，将系统功能模块分类，按系统数据主题、实体定义信息、实体分类信息、数据相关方信息、技术信息构建数据资产目录。

（2）主题域视角。此方法首先要构建企业统一的数据域主题（通常可按照战略发展、业务运营、管理支持抽象出一级主题域），将企业现有各系统按数据驱动方式划分为各数据主题域；然后，抽象实体定义信息、实体分类信息、数据相关方信息、技术信息构建数据资产目录。

（二）数据资产目录可视化呈现

从应用场景出发，利用数据资产管理工具，构建企业的数据资产目录视图，包含整个数据资产总体情况、资产健康状况、资产标准化等模块，使数据关系脉络化、数据资产目录可视化。根据数据目录的实体分布，可以构建数据资产地图，实现数据资产全生命周期、全流程、全景式的可视化管理。

（三）主要交付物

（1）《数据资产盘点清单》：根据企业自身情况，明确如何对数据资产进行全面盘点，录入实际盘点信息，关注缺失值、异常值、重复数据，生成盘点结果清单。

（2）《数据资产管理现状评估》：在编制数据资产管理现状评估报告时，不得违规披露数据资产涉及的国家安全、商业秘密、个人隐私等数据，通常包含以下内容：数据资产的基本状况，通常包括数据名称、数据来源、数据规模、产生时间、更新时间、数据类型、呈现形式、时效性、应用范围、权利属性、使用权具体形式以及法律状态等；评估方法的主要内容，包括评估方法的选取及其理由，评估方法中的运算和逻辑推理公式等；执行数据资产评估业务时，资产评估专业人员可以通过委托人提供、相关当事人提供、自主收集等方式获取数据资产的基本状况。

三、制定数据标准规范

第三步是制定数据资产相关的标准规范。在企业组织架构、制度体系和数据资产盘点的基础上，结合国际标准和行业标准，围绕数据资产全生命周期管理，制定相关的数据标准规范体系，包括元数据标准、核心业务指标数据标准、业务系统数据模型标准、参考数据和主数据标准、公共代码标准、编码标准等基础类数据标准以及基础指标标准、计算指标标准等指标类数据标准和关键业务稽核规则，使得数据资产管理人员在工作中有明确的规则可依，切实保障数据资产管理的实施规范。

（一）数据标准的内涵

在数字化过程中，数据是业务活动在信息系统中的真实反映。由于业务对象在信息系统中以数据的形式存在，数据标准相关管理活动均需以业务为基础，并以标准的形式规范业务对象在各信息系统中的统一定义和应用，以提升企业在业务协同、监管合规、数据共享开放、数据分析应用等各方面的能力。

根据全国信息技术标准化技术委员会大数据标准工作组制定的大数据标准体系，大数据的标准体系框架共由七个类别的标准组成，分别为：基础标准、数据标准、技术标准、平台和工具标准、管理标准、安全和隐私标准、行业应用标准。其中，数据标准（Data Standards）是指保障数据的内外部使用和交换的一致性和准确性的规范性约束，有利于打通数据底层的互通性，提升数据的可用性。数据标准一般包含 3 个要素：标准分类、标准信息项（标准内容）和相关公共代码和编码（如国家标准、行业标准等）。其中标准分类指按照不同的特点或性质区分数据概念；标准信息项是对标准对象的特点、性质等的描述集合；公共代码指某一标准所涉及对象属性的编码。

（二）数据标准的分类

数据标准是进行数据标准化、消除数据业务歧义的主要参考和依据。对数据标准进行分类，将有利于数据标准的编制、查询、落地和维护。数据标准有多种分类方式，对于不同的分类方式，均可采用以数据元为数据标准制定的基本单元构建数据标准体系。

数据可以分为基础类数据和指标类数据。基础类数据是指业务流程中直接产生的，未经过加工和处理的基础业务数据信息。指标类数据是指具备统计意义的基础类数据，通常由一个或以上的基础数据根据一定的统计规则计算而得到。相应地，数据标准也可以分为基础类数据标准和指标类数据标准。基础类数据标准是为了统一企业所有业务活动相关数据的一致性和准确性，解决业务间数据一致性和数据整合问题，按照数据标准管理过程制定的数据标准。指标类数据标准一般分为基础指标标准和计算指标（又称组合指标）标准。基础指标具有特定业务和经济含义，且仅能通过基础类数据加工获得，计算指标通常由两个以上基础指标计算得出。

并非所有基础类数据和指标类数据都应纳入数据标准的管辖范围。数据标准管辖的数据，通常只是需要在各业务条线、各信息系统之间实现共享和交换的数据，以及为满足监管机构、上级主管部门、各级政府部门的数据报送要求而需要的数据。

（三）数据标准规范的制定

数据标准规范的制定要全面考虑企业的业务系统现状、业务情况、未来发展、人员结构等多方面因素，具体制定过程包括：通过标准委员会官网、行业协会网站等收集国家标准、行业标准和现有标准，形成组织现有标准文档；与数据资产管理者讨论制定初版的数据标准；按照标准的归口管理部门，与相应的归口管理部门的数据管理专员进行逐条讨论，从数据标准规范的合理性、是否能落地、是否符合业务发展等多个角度对标准进行审核，最终得到定版标准；最后向数据资产管理委员会汇报定版标准，内部发布，收集反馈，对数据标准进行维护与更新。

（四）主要交付物

（1）《数据资产标准管理办法》：指企业制定的内部开展数据标准管理工作的工作办法。一般包括企业数据标准管理目标、数据标准管理组织中各部门的职责、数据标准管理各项工作的主要过程，以及开展数据标准管理工作的相关机制，如沟通汇报机制、审核机制、考核机制等内容。

（2）《数据标准规范》：指企业已编制并发布的一系列数据标准文件，如客户数据标准、产品和服务数据标准、统计指标标准等文件。

（3）《数据标准管理操作手册》：指各业务部门根据企业数据标准管理办法制定的，在本部门或本业务领域内开展数据标准化工作的具体实施文件。数据标准管理操作手册也可包含数据标准管理办法各主要过程配套的工作模板文件。

第二节 落地执行

数据资产管理顶层设计阶段的重点在于对数据资产的定义、规划、梳理，进入第二阶段则是对第一阶段成果的落地实施。在第二阶段里，需要从数据资产管理的相关业务、技术部门日常工作流程入手，切实建立起企业数据资产管理能力，包括：梳理和制定数据标准，并检查数据标准实施情况；制定和管理元数据和主数据，明确企业核心业务实体的数据，并对数据进行验证；从业务角度梳理企业数据质量规则；建立数据安全管理体系，防范数据安全隐患，执行数据安全管理职能等方面。第二阶段的工作目标主要是为企业打造核心的数据资产管理能力，同时为企业内数据资产管理部门营造数据资产管理的工作环境氛围，保证数据资产管理在企业信息系统生产环境中真正得到执行。概括起来，就是企业数据资产可管理、可落地。

一、数据标准管理实施

（一）数据标准的梳理

企业的数据标准来源非常丰富，有外部的国家标准、监管规定、法律法规，行业的通用标准、业务规范，同时也必须考虑到企业内部自身数据的实际情况，从业务着手，梳理其中关键的业务指标、数据项、代码等，不断地完善数据标准体系。

企业数据标准梳理一般需要以下步骤：

第一，对企业业务域进行定义，并对每个业务域中的业务活动进行梳理，同时需要收集各类业务单据、用户视图，梳理每个单据和用户视图的数据对象。

第二，针对数据对象进行分析，明确每个数据实体所包含的数据项，同时，梳理并确定出该业务域中所涉及的数据指标和指标项。分析并定义每个数据实体或指标的数据项标准，包括：数据项的名称、编码、类型、长度、业务含义、数据来源、质量规则、安全级别、阈值范围、管理部门等。

第三，梳理和明确所有数据实体、数据指标的关联关系，并对数据之间的关系进行标准化定义。数据关系也是数据标准管理的内容。

第四，通过以上梳理、分析和定义，确定数据标准管理的范围。

（二）数据标准的落地形式

在数据标准落地的过程中，需要事先确定好落地的范围，明确哪些数据标准需要落地以及哪些系统需要进行落地；明确现有数据和数据标准之间存在哪些差异，这些差异有多大，做好差异性分析；做好数据标准落地影响性分析；制定可落地的执行方案；最后根据执行方案，进行数据标准落地执行。

数据标准落地有三种形式：

（1）源系统改造：对源系统的改造是数据标准落地最直接的方式，有助于控制未来数据的质量，但工作量与难度都较高，现实中往往不会选择这种方式，例如有客户编号这个字段，涉及多个系统，范围广、重要程度高、影响大，一旦修改该字段，相关的系统都需要修改。但是可以借系统改造、重新上线的机会，对相关源系统的数据进行部分的对标落地。

（2）数据中心落地：根据数据标准要求建设数据中心（或数据仓库），源系统数据与数据中心做好映射，保证传输到数据中心的数据为标准化后的数据。这种方式的可行性较高，是绝大多数组织的选择。

（3）数据接口标准化：对已有的系统间的数据传输接口进行改造，让数据在系统间进行传输的时候，全部遵循数据标准。

（三）数据标准的落地原则

数据标准落地原则主要包括遵循整体规划、分步实施、价值驱动、确保执行和管控保障。

（1）整体规划：数据标准体系建设工作是规划与计划、制定、执行、维护、监督检查一系列持续深入的动态过程。

（2）分步实施：综合考量战略价值、业务优先级、实施难易度、数据满足度和投资回报比，优先定义和执行战略价值高、优先级高、数据充足、易实施、投资回报比较高的数据标准，并找到合适的数据标准建设的切入点。

（3）价值驱动：业务价值是数据标准工作的原始驱动力，需结合战略目标，与 IT 系统建设相结合，可以在数据标准工作初期以项目为载体，逐步推进。

（4）确保执行：保证数据标准在业务领域和技术领域的执行是标准工作的宗旨。

（5）管控保障：建立强有力的组织、制度和管理流程，以保证数据标准工作的顺利进行。

（四）数据标准的执行阶段

数据标准执行通常是指把企业已经发布的数据标准应用于信息系统建设，消除数据不一致的过程。数据标准落地执行过程中应加强对业务人员的数据标准培训、宣贯工作，帮助业务人员更好地理解系统中数据的业务含义，同时也涉及信息系统的建设和改造。数据标准落地执行一般包括四个阶段：评估确定落地范围、制定落地方案、推动方案执行、跟踪评估成效。

（1）理解数据标准化需求，评估确定落地范围。选择某一要点作为数据标准落地的目标，如业务的维护流程、客户信息采集规范、某个系统的建设等。

（2）制定数据标准化的实施路线和方案。深入分析数据标准要求与现状的实际差异以及落标的潜在影响和收益，并确定执行方案和计划。

（3）推动方案执行。推动数据标准执行方案的实施和标准管控流程的执行。

（4）跟踪评估成效。综合评价数据标准落地的实施成效，跟踪监督标准落地流程执行情况，收集标准修订需求。

数据标准管理是企业数据资产管理的一部分，涉及范围广、业务复杂、数据繁杂，数据标准管理的实施需要从整个组织考虑，建立专业的数据资产管理组织体系，制定企业数据战略和实施路线图，明确各阶段数据标准工作的内容，并监督和考核数据标准的贯彻与执行。数据标准管理的目标是通过数据标准规范实现数据的完整性、有效性、一致性、规范性，推动数据的共享开放，构建统一的数据资产地图，为数据资产管理活动提供参考依据。

二、元数据管理实施

（一）元数据的定义和分类

元数据（Metadata）是描述数据的数据，是对数据及信息资源的描述性信息。元数据按用途不同分为技术元数据、业务元数据和管理元数据。

技术元数据（Technical Metadata）：描述数据系统中技术领域相关概念、关系和规则的数据；包括数据源信息、数据平台内对象和数据结构的定义、源数据到目的数据的映射、数据清理和数据更新时用的规则、数据转换的描述等。

业务元数据（Business Metadata）：描述数据系统中业务领域相关概念、关系和规则的数据；包括业务术语、业务描述、信息分类、指标、统计口径等。

管理元数据（Management Metadata）：描述数据系统中管理领域相关概念、关系、规则的数据，主要包括人员角色、岗位职责、管理流程等信息。

（二）元数据管理的内容

元数据管理（Metadata Management）是数据资产管理的重要基础，是为获得高质量的、整合的元数据而进行的规划、定义、存储、整合、应用与控制等一整套流程的集合。元数据管理的主要内容包括：理解企业元数据管理需求；开发和维护元数据标准；建设元数据管理工具；创建、获取、整合元数据；检核和存储元数据；分发、使用和维护元数据；元数据的映射分析、影响分析、血缘分析、实体关联度分析、实体差异分析、数据地图等应用管理。

元数据管理内容描述了数据在使用流程中的信息，通过溯源分析可以分析数据的来源和流向，影响分析帮助了解分析对象的下游数据信息，快速掌握元数据变更可能造成的影响，有效评估变更该元数据带来的风险，逐渐成为数据资产管理发展的关键驱动力。

元数据管理的目标是提供数据的准确说明，帮助理解数据来源背景、关系及相关属性，提高数据的可信度，减少数据冗余性，提升数据共享程度，降低企业数据系统维护成本，提高系统运行可靠性。

三、主数据管理实施

（一）主数据的定义

主数据（Master Data）是指反映企业核心业务实体状态的数据，

是企业核心业务对象、交易业务的执行主体，是在整个价值链上被重复、共享应用于多个业务流程的、跨越各个业务部门和系统的、高价值的基础数据，是各业务应用和各系统之间进行数据交互的基础。从业务角度，主数据是相对"固定"的，变化缓慢。主数据是企业信息系统的神经中枢，是业务运行和决策分析的基础。例如供应商、客户、企业组织机构和员工、产品、渠道、科目 COA、BOM 等。

（二）主数据管理的内容

主数据管理（Master Data Management，MDM）是一系列规则、应用和技术，用以协调和管理与企业的核心业务实体相关的系统记录数据。

主数据管理的实施是长期的、复杂的，关键内容包括：理解主数据的整合需求；识别主数据的来源；定义和维护数据整合架构；实施主数据解决方案；定义和维护数据匹配规则；根据业务规则和数据质量标准对收集到的主数据进行加工清理；建立主数据创建、变更的流程审批机制；实现各个关联系统与主数据存储库数据同步；方便对关联系统主数据变化进行修改、监控、更新。

主数据管理通过对主数据值进行控制，使得企业可以跨系统地使用一致的和共享的主数据，提供来自权威数据源的协调一致的高质量主数据，降低成本和复杂度，从而支撑跨部门、跨系统数据融合应用。

四、数据质量管理实施

（一）数据质量管理的定义

数据质量是保证数据应用效果的基础，是描述数据价值含量的指标。衡量数据质量的指标体系有很多，典型的指标有：完整性（数据是否缺失）、规范性（数据是否按照要求的规则存储）、一致性（数据的值是否存在信息含义上的冲突）、准确性（数据是否错误）、唯一性（数据是否是重复的）、时效性（数据是否按照时间的要求进行上传）。

数据质量管理是指运用相关技术来衡量、提高和确保数据质量的规划、实施与控制等一系列活动。数据质量管理是对数据从计划、获取、存储、共享、维护、应用、消亡生命周期的每个阶段里可能引发的数据质量问题，进行识别、度量、监控、预警等一系列管理活动，并通过改善和提高组织的管理水平使得数据质量获得进一步提高。

美国数据仓库研究院（TDWI）的教育与研究总监威恩·埃克森提出了一个由九个步骤组成的数据质量管理框架。第一步：推出一个数据质量项目；第二步：制订一个项目计划；第三步：建立一个数据质量小组；第四、五步：评估商务流程和数据架构；第六步：评估数据质量；第七步：清洗数据；第八步：改进商务实践；第九步：持续监视数据。

（二）数据质量管理的内容

数据质量管理的内容包括：开发和提升数据质量意识；定义数据质量需求；剖析、分析和评估数据质量；定义数据质量测量指标；定义数据质量业务规则；测试和验证数据质量需求；确定与评估数据质量服务水平；持续测量和监控数据质量；管理数据质量问题；分析产生数据质量问题的根本原因；制定数据质量改善方案；清洗和纠正数据质量缺陷；设计并实施数据质量管理工具；监控数据质量管理操作程序和绩效。

数据质量管理的终极目标是通过可靠的数据提升数据在使用中的价值，并最终为企业赢得经济效益。通过开展数据质量管理，企业可以规范数据质量的日常监控、分析、评估、改进和考核工作，形成数据质量主动管理机制，持续优化数据质量，获得干净、结构清晰的数据，支持企业业务运行、管理分析和领导决策。这是企业开发大数据产品、提供对外数据服务、发挥大数据价值的必要前提，也是企业开展数据资产管理、提升数据资产的业务价值的重要目标。

五、数据安全管理实施

（一）数据安全管理的定义

数据安全管理是指对数据设定安全等级，按照相应国家/组织相关法案及监督要求，通过评估数据安全风险、制定数据安全管理制度规范、进行数据安全分级分类，完善数据安全管理相关技术规范，保证数据被合法合规、安全地采集、传输、存储和使用。企业通过数据安全管理，规划、开发和执行安全政策与措施，提供适当的身份认证、授权、访问与审计等功能。

（二）数据安全管理的内容

数据安全管理的内容包括：理解数据安全需求及监管要求；定义数据安全策略；定义数据安全标准，划分数据类别、密级；定义数据安全控制及措施；管理用户、密码和用户组成员；管理数据访问视图与权限；监控用户身份认证和访问行为；定义数据安全强度，划分信息等级；选取和部署数据安全防控系统和工具；审计数据安全。

数据安全管理的目标是建立持续有效的数据安全管理体系和完善的安全策略措施，全方位进行安全管控，通过多种手段确保数据资产在"存、管、用"等各个环节中的安全，做到"事前可管、事中可控、事后可查"。

六、主要交付物

第二阶段主要交付物包括：

（1）《数据资产管理办法》：与企业数据资产管理实际工作相关的规范性文件，规范和约束数据资产管理的各项职能活动，内容包括数据资产管理目标、章程、意义、组织职责、管理要求、考核机制等；

（2）《数据资产管理实施细则》：细则是对管理办法的细化，包括数据标准管理、数据质量管理、元数据管理、主数据管理、数据安全管理等的定义与分类、管理内容、方法、步骤等。

第三节　稽核检查

数据资产管理稽核检查是指实现数据的完整性和一致性检查，是一个从数据采集、预处理、比对、分析、预警、通知到问题修复的完整数据质量管控链条。稽核检查阶段是为了保障数据资产管理实施阶段涉及的各管理职能能够有效落地执行的重要一环。这个阶段包括检查数据标准执行情况、稽核数据质量、监管数据生命周期等具体任务。

一、检查数据标准

数据标准管理是企业数据资产管理的基础性工作，通过实施数据标准管理，企业可以实现对全部数据资产的统一运营管理。数据标准管理的检查主要从标准制定和标准执行两个方面进行检查。

（一）数据标准制定的检查

数据标准制定过程中出现的问题主要有以下几种情况：

（1）对制定数据标准的目的不明确。某些组织制定数据标准，其目的不是为了指导信息系统建设、提高数据质量、更方便地处理和交换数据，而是应付监管机构检查，或者是一味地追求先进，向行业领先看齐，标准大而全，脱离实际的数据情况，制定出来的只是一堆标准文件和制度文件，无法真正落地执行。

（2）数据标准范围不明确。不是所有的数据都需要建立数据标准，企业实际数据模型中有上万个字段，有些模型还会经常变换更新，没有必要将这些信息全部纳入标准体系中，制定数据标准需要梳理数据标准范围，提升工作效率。

数据标准制定的检查主要围绕与国家标准、行业标准的一致性，同时参考与本地标准、数据模型的结合性，检查数据标准的目的、范围、实施计划等。

（二）数据标准执行的检查

数据标准执行过程中出现的问题主要有以下几种情况：

（1）过分依赖咨询公司。一些组织没有制定数据标准的能力，因此将数据标准制定工作交由咨询公司。一旦咨询公司撤离，组织缺乏将数据标准落地的条件。

（2）缺乏落地的制度和流程规划。数据标准的落地，需要多个系统、部门的配合才能完成。如果只梳理出数据标准，但是没有规划如何落地的具体方案，缺乏技术、业务部门、系统开发商的支持，尤其是缺乏领导层的支持，是无论如何也不可能落地的。

（3）组织管理水平的不足。数据标准的落地具有复杂性、系统性，是一个持续化推进的长期过程，这就要求执行数据标准的组织具备很高的管理能力且架构必须持续稳定，才能有序地推进数据标准落地。

数据标准执行的检查主要围绕标准的落地情况，包括数据标准的创建和更改流程的便捷性、数据标准使用的广泛性、数据标准与主数据的动态一致性等，对标准落地情况进行跟踪并评估成效。

二、稽核数据质量

数据质量稽核，是指把控整个数据链路的数据质量，从数据的完整性、一致性、唯一性等多个层面实现对数据的全面稽核和预警，提高数据使用质量，为决策者提供参考。根据时间发生的顺序，数据质量稽核可分为事前质量检查、事中运行监控、事后归纳总结。

（一）事前质量检查

事前要制定符合业务目标的数据质量稽核规则，尽可能从数据源头提升数据质量。稽核规则是对数据的规定，通过稽核规则验证数据的完整性、一致性、唯一性、正确性、有效性等，并提高数据使用质量，供决策者参考。稽核规则囊括记录数检核、空值检核、唯一性检核、数据格式检核、准确性检核、波动检核、一致性检核和逻辑性检核八大类稽核规则。

（二）事中运行监控

在数据的传输、处理过程中很容易出现数据缺失、数据不一致、数据重复、数据延时到位等情况，在数据处理过程中及时稽核数据，并对各过程中发现的问题形成告警信息，通过短信、彩信、邮件的形式发送。

（三）事后归纳总结

将稽核任务产生的稽核结果，特别是错误结果，通过表格、趋势图等展现方式，生成数据质量稽核结果报告，帮助用户及时发现数据质量的问题和业务异常。持续评估和监督数据质量与数据质量服务水平，不断调整更新数据质量管理程序，推动数据向优质资产的转变，逐步释放数据资产价值，为企业带来经济效益。

三、监管数据生命周期

数据生命周期是指数据从产生到销毁的全过程，包括数据的收集、创建、分发、存储、使用、归档和销毁。数据生命周期管理是通过一定的方法、流程和工具，在数据生命周期中一致、有效地管理数据，根据业务需求及内外部合规要求，对数据进行收集、创建、分发、存储、使用和归档，直到数据的退出和销毁。

数据生命周期管理的范围包括：定义数据生命周期；定义外部数据的获取策略；定义数据备份与恢复计划；定义数据保留存储与销毁方案；定义归档数据的检索与使用策略；执行数据抽取、备份、恢复、存档、存留和销毁活动，等等。

数据生命周期管理要遵循以下指导原则：数据保留与归档时机按照数据商业价值划分；数据项的保留和归档规则应该由数据所有者定义；归档的数据应该能够恢复，并且要满足一定的业务时效性要求。

监管数据生命周期，要做到以下3个方面。

（1）全面推进源头稽核、系统稽核、重点稽核3种形态。强化数据稽核分级负责、分类处理的工作模式，建立健全事前预防控制、事中校验比对、事后稽核检查的经办风险防控体系。切实推动数据稽核的制度落实、责任落实和工作落实。出台疑点数据核查处理制度，进一步规范数据稽核工作，形成上下贯通、层层负责的责任链条。

（2）灵活配置数据存储策略。数据生命周期管理的目标是完全支持企业业务目标和服务水平的需求，根据数据对企业的价值进行分类分级，形成数据资产目录，然后制定相应的策略，确定最优服务水平和最低成本，将数据转移到相应的存储介质上，争取以最低的成本提供适当级别的保护、复制和恢复。借助数据生命周期管理，企业不但能够在整个数据生命周期内充分发挥数据的潜力，还可以按照业务要求快速对突发事件做出反应。

（3）数据资产安全检查常态化。在大数据时代，数据资产更容易遭受泄露、篡改、窃取、毁损、未授权访问、非法使用等问题。2019 年 5 月，国家互联网信息办公室发布《数据安全管理办法（征求意见稿）》公开征求意见的通知。企业应通过建立对数据资产及相关信息系统进行保护的体系，合规采集数据、应用数据，依法保护客户隐私，增强数据安全意识，定期进行数据资产安全检查，保证数据的完整性、保密性、可用性。

四、主要交付物

在稽核检查阶段主要交付物包括：

（1）《数据资产管理稽核办法》：从业务数据的内在结构或者业务数据之间的关系出发，确定稽核范围，制定每个稽核点的稽核标准，即稽核规则和方法公式；确定每个稽核点的稽核检查周期，对数据按照稽核规则库的规则进行稽核，一般检查和稽核时间间隔有日、月、年三种。

（2）《数据资产管理问题管理办法》：在检查过程中，依据稽核规则，对稽核周期内的原始业务数据记录进行稽核，生成风险稽核结果，标注为差异数、差异率，从而触发预警事件，生成标准化的数据风险稽核报告、预警邮件等。形成数据质量管理与风险管控的闭环管理，将发现问题的稽核结果产生工作待办推送给用户，用户处理异常数据后，重新触发数据稽核。

第四节　资产运营

通过前三个阶段，企业已经能够建立基本的数据资产管理能力，在此基础上还需要具备以实现业务价值为导向，以用户为中心，为企业内外部不同层面用户提供数据价值的能力。数据资产运营是指对数据资产的确权、价值评估、共享流通、交易变现等活动进行管理的过程（包括数据资产确权、资产购置、营销、服务、结算等），以及对数据资产成本管理（质量评估、价值评估与定价等一系列评估）进行分析、统计、监督等活动。目的是盘活企业数据资产，通过数据开放、数据交易、数据合作等方式促进数据资产的流通和价值变现。资产运营阶段是数据资产管理实现价值的最终阶段，该阶段包括开展数据资产价值评估、数据资产内部共享和运营流通等。

一、数据资产价值评估

数据资产价值评估能够以合理的方式管理内部数据和提供对外服务，是实现数据资产化的基础。在大数据时代，数据运营企业关于数据价值的实现体现在数据分析、数据交易层面。数据资产作为一种无形资产，其公允价值的计量应当考虑市场参与者通过最佳使用资产或将其出售给最佳使用该项资产的其他市场参与者而创造经济利益的能力。只有对数据资产价值进行合理的评估，才能以更合理的方式管理内部数据和提供对外数据服务。

（一）数据资产价值评估计量维度

数据资产价值主要从数据资产的分类、使用频次、使用对象、使用效果和共享流通等方面计量。数据资产价值管理从度量价值的维度出发，选择各维度下有效的衡量指标，进行数据连接度的活性评估、数据质量价值评估、数据稀缺性和时效性评估、数据应用场景经济性评估，并优化数据服务应用的方式，最大程度地提高数据的应用价值。比如可以选择数据热度、广度等作为数据价值的参考指标，通过 ROI 评估，高效管控和合理应用数据资产。

（1）活性评估。活性指标主要包括数据连接度、贡献度等，数据的高连接度和贡献度，意味着高活性和高数据价值。

（2）数据质量评估。数据质量评估指标主要包括数据一致性、准确性、完整性、及时性等，高数据质量意味着高数据价值。

（3）数据稀缺性评估。数据稀缺性描述数据的供给数量及供给方数量的多寡，通过与最大供给方数量或数据供给丰富程度相比较，判断数据稀缺性，高稀缺性数据意味着高数据价值。

（4）数据时效性评估。数据时效性描述数据的时间特性对应用的满足程度，较高的满足程度意味着高的数据时效性，即高数据价值。

（5）数据应用场景经济性评估。数据应用场景经济性描述在具体场景下数据集的经济价值，由于不同行业的规模、数据应用程度等具有差异性，因而不同的场景下的数据集，其价值会相差很大。通过比较某场景下的经济价值与所有场景中的最大经济价值，判断数据应用场景经济性，高场景经济性意味着高数据价值。

（二）数据资产价值评估方法

数据资产价值的评估方法包括成本法、收益法和市场法三种基本方法及其衍生方法。执行数据资产评估业务，应当根据评估目的、评估对象、价值类型、资料收集等情况，分析上述三种基本方法的适用性，选择评估方法。数据资产评估方法的选择应当注意方法的适用性，不可机械地按某种模式或者某种顺序进行选择。

（1）成本法。成本法是根据形成数据资产的成本进行评估。尽管无形资产的成本和价值先天具有弱对应性且其成本具有不完整性，但一些数据资产应用成本法评估其价值存在一定合理性。成本法容易把握和操作，通常适用于第三方机构，不以交易为目的，如政务数据。

（2）收益法。收益法是通过预计数据资产带来的收益估计其价值。这种方法考虑未来预期收益和货币时间价值因素，能真实反映价值，但在实际中操作难度较大，是目前对数据资产评估较常采用的一种方法。虽然目前使用数据资产直接取得收益的情况比较少，但根据数据交易中心提供的交易数据，还是能够对部分企业数据资产的收益进行了解。

（3）市场法。市场法是根据相同或者相似的数据资产的近期或者往期成交价格，通过对比分析，评估数据资产价值的方法。根据数据资产价值的影响因素，可以利用市场法对不同属性的数据资产的价值进行对比和分析调整，反映出资产目前市场状况和被评估数据资产的价值。但市场法对市场环境要求高、评估难度大，目前适用场景较少。

二、数据资产内部共享和运营流通

数据资产内部共享和运营流通主要是指开展数据共享和交换，实现数据内外部价值的一系列活动，通过加强管理运营手段和方法，促进数据资产对内支撑业务应用，对外形成数据服务能力，打造数据资产综合运营能力。

数据资产内部共享的关键步骤是打通企业内部各部门间的数据共享瓶颈，建立统一规范的数据标准与数据共享制度，消除企业内数据孤岛。通过相关管理制度和标准体系的建设与推动，构建企业内数据共享平台，打通各部门各系统的数据，使更多的数据可以成为资产，应用于数据分析，全面动态促进数据价值的释放。

数据资产运营流通可以通过数据直接交易与提供数据分析信息两种方式实现，将数据中符合共享开放层级的信息作为应用商品，以合规安全的形式完成共享交换或开放发布，实现数据资产价值的社会化。围绕数据合作或交易等运营流通活动，需要从数据安全管理及合规性、数据资产成本及价值创造、组织结构优化、数据质量提升等方面进行规划并不断迭代，持续优化数据资产管理能力；从技术层面来说需要建立相应的流通平台机制，以及完善的保障机制，如服务保障、管理保障、技术保障等。

目前来看，拥有海量数据是企业开展数据资产内部共享和运营流通的前提条件，在数据流通环境下，数据资产运营流通职能的服务对象包括数据提供者、数据消费者、数据服务者和数据运营者四类角色。

（1）数据提供者：通常是指数据的合法拥有方，在数据共享中，则特指信息系统的业务管理部门及单位。其负责在日常业务活动中，组织人员在信息系统中录入数据，或合法获取外部数据并提供使用。

（2）数据消费者：在数据共享中，是指发起数据共享需求申请并将数据用于开展合法、合规业务的内部部门及单位。在数据开放中，则是指发起数据开放需求申请并将数据用于开展合法、合规业务的外部单位，包括政府单位、外部企业或个人。

（3）数据服务者：负责在数据拥有者给出的数据资源基础上，根据数据消费者可能的使用需求，提供各类服务，如将原始数据加工为应用产品、提供数据交易过程中的代理服务、针对数据真实性或有效性提供验真服务、对数据开放过程的合法合规性提供审计服务等。

（4）数据运营者：负责提供一个支持数据共享与开放的环境，如统一的服务平台、标准化的数据产品、数据资源目录查询检索等，以及开展以创造经济价值为导向的运营活动，如客户管理、订单管理、营销宣传等。

重视数据资产管理、运营、流通可以为企业带来未来经济利益，同时这也是数据保值增值的重要手段。数据资产运营流通是使数据资产流动和发挥价值的核心，它将推动数据价值创造模式的不断创新，从根本上改变企业管理、社会管理和政府治理的发展趋势。

三、主要交付物

在资产运营阶段主要交付物包括：

（1）《数据资产价值评估方法》：评估对象的详细情况，通常包括数据资产的名称、来源、数据规模、产生时间、更新时间、数据类型、呈现形式、时效性、应用范围、权利属性、使用权具体形式以及法律状态等；使用的评估假设和前提条件；有关评估方法的主要内容，包括评估方法的选取及其理由，评估方法中的运算和逻辑推理公式，各重要参数的来源、分析、比较与测算过程，对测算结果进行分析并形成评估结论的过程。

（2）《数据资产成本管理方法》：采集、存储和计算成本，主要包括计量人工费用、IT 设备等直接费用和分摊的间接费用；运维成本，主要包括计量业务操作费、技术操作费等。

（3）《数据资产共享流通管理办法》：定义数据资产内部共享和外部流通的管理办法和实施方案，包括适用范围、共享原则、职责分工、安全风险评估、监督考核等。

第七章
数据资产管理未来
发展的趋势

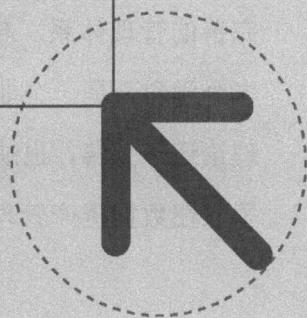

"数据之于 21 世纪，就像石油之于 20 世纪，它是发展和改变的动力。数据已经催生了新型基础设施、商业领域变革、垄断机构变化、政治理论发展，最关键的是，还催生了一种新经济。数据信息不像过去的其他资源，它采用不同的方式提取、加工、估值和交易。它改变了市场规则，要求使用新的管理方式。"信息时代万物数化，企业拥有数据的规模、活性以及收集、运用数据的能力，决定其核心竞争力。数据是企业的核心资产，掌控数据，就可以支配市场，意味着巨大的投资回报。数据作为日益重要的战略资源，需要更加完善的管理体系。数据资产管理知识体系涉及管理、技术、经济等多个学科，是一个非常复杂的系统工程，相关工作在国内刚刚起步，理论还不完善，也缺乏广泛的实践基础，仍需要业界各方紧密合作，争取在数据资产管理的理论和实践上不断取得新的进展。

第一节　构建数据资产管理标准体系

一、完善标准规范，提供制度保障

与工业时代相比，大数据时代依托于万物互联带来的基础设施、海量数据形成的生产资料、算法演进焕发的生产力等变化都是全新的。企业推动数据资产管理需要立足大数据发展的特点，创新原有的政策体系，完善标准规范，提供制度保障，丰富数据资产管理的政策工具箱，并注重数据标准化环节以保障信息体系不发生混乱，确保数据规范一致性。

大数据时代给"数据资产管理"赋予了新的内涵，也对数据资产标准化提出了更多的要求。数据标准是数据资产管理的基础，是对数据资产进行准确定义的过程。对于一个拥有大量数据资产的企业，或者是要实现数据资产交易管理的企业而言，构建数据标准是一件必须做的事情。标准化的目的是解决数据的关联能力问题，保障信息的交互、流动、系统可访问，提高数据活化能力，保障信息体系不发生混乱；确保数据规范一致性——避免数据混乱、冲突、多样、一数多源。数据标准规范的制定要遵循数据标准管理工作的实践原则，即机制先行、贴近业务、循序渐进。

（1）高层负责，机制先行。数据标准工作应得到高层重视，并指定公司高层负责数据管理和数据标准管理工作，组织制定数据标准相关管理办法。应在企业内部建立专门的数据标准管理机构或工作组，负责数据标准管理的日常工作，并赋予管理权限和资源，同时可制定数据标准管理工作的考核要求。

（2）贴近业务，切合实际。企业应把握数据资产标准与业务需求的关系，标准来源于业务，服务于业务，是对业务的高度提炼和总结。企业应在分析业务现状、挖掘业务需求的基础上，引领业务部门广泛、深入参与其中，这样才更容易获得业务部门的认可。数据标准规范应以落地实施为目的，并在国家、行业标准规范的基础上，结合现有 IT 系统的现状，以对现有生产系统的影响最小为原则进行编制和落地标准，才能确保标准切实可用，让标准最终回归到业务中，发挥价值。

（3）循序渐进，成效说话。企业根据业务需求，结合系统改造和新建系统的契机，选择适当的数据标准落地范围和层次，对亟待解决的标准问题进行落地。同时，还需及时总结建立和实施数据标准给企业带来的价值和成效。

制度体系是确保对数据资产管理进行有效实施的责任制度，其中一些是数据资产管理职能的职责，也包括其他数据管理职能的职责。数据资产管理是最高层次的、规划性的数据管理制度活动。换句话说，数据资产管理是主要由数据管理人员和协调人员共同制定的高层次的数据资产管理制度决策。企业及其内部各部门开展制度建设并非零星分散、各自为政的行为，而需要构建一个关联的、科学的制度体系。制度体系中各部分既各有分工、互不冲突又相互联系、协调配合，共同发挥作用。制度体系具体包括以下几点：

（1）规章制度。数据资产管理规章制度类似于企业的公司条例，用于阐明数据资产管理的主要目标、相关工作人员、职责、决策权力和度量标准。

（2）管控办法。管控办法是基于规章制度与工具的结合，是可落地、可操作的办法。

（3）考核机制。考核是保障制度落实的根本，建立明确的考核制度，实际操作中可根据不同企业的具体情况，建立相应的针对数据资产管理方面的考核办法，并与个人绩效挂钩。

（4）资源保障机制。资源保障是数据资产管理顺利实施的前提，企业要健全数据资源管理制度，建立一体化数据资产资源目录及动态管理机制，根据不同情况制定不同数据共享更新要求，明确数据资产资源提供和使用的主体。

（5）技术规范。技术规范是保障数据资产管理平台可持续管理的基础，随着数据量的增长、技术水平的发展，为更好地、可持续地实现数据资产的管理与应用，需要建立明确的技术规范。

此外，制度建设应当有明确、专门的主管部门。主管部门并不需要负责每项制度的具体起草和执行，亦不取代制度批准机构、制度起草机构的具体职能，但应负责整个制度工作的统筹、主导和推进，否则，制度建设工作将缺乏计划和协调，并难以落到实处。

二、明确长远目标，细化战略规划

"战略"是企业中长期发展的目标，指明了企业的发展方向，而"规划"是保障战略落地实施的基础。战略规划管理是连接"战略"与"执行"的桥梁。通过制定和执行规划来实施企业战略具有一定的优势，能够避免发生战略制定不合理和执行不彻底的问题。

数据资产管理战略是企业发展战略中的重要组成部分，是保持和提高数据质量、完整性、安全性和存取性的计划，是指导企业进行数据资产管理的最高原则。企业数据资产管理战略规划要着眼于未来，立足于现在。从众多企业的数据资产管理实践来看，数据资产管理是一个长期且逐步见效的过程，是战略性的举措，期待一次性就能把数据资产管理工作做好是不现实的，必须以长期建设的心态来制定实施路线。在制定战略规划的实际过程中，必须坚持"自上而下"和"自下而上"相结合的原则。在制定的过程中，要遵循一条清晰的逻辑路线。

（1）分析企业的内外部环境。战略制定要考虑的外部环境包括数据资产管理的发展情况与未来前景、国家政策方向等方面。市场的本质是竞争的，企业在进行数据资产管理过程中必然也摆脱不了这一法则，因此，企业战略外部环境的分析还要包括对竞争对手的分析。企业内部环境分析是基于对企业自身优势、劣势的了解，梳理以往的战略规划，盘点企业当前数据资产管理状况，结合外部环境分析对企业的数据资产管理能力进行定位。进行内外部环境分析的目的在于从环境变化中寻找机会，明确优势、去除劣势、把握机遇、规避威胁。

（2）明确愿景、使命和战略目标。数据资产管理战略规划要建立在对数据资产管理的愿景、使命和战略目标的分析之上。愿景解决的是数据资产管理长远发展目标问题，为数据资产管理未来发展指明前进方向。清晰、明确的愿景包括核心信仰和未来前景，它用以规定企业的基本价值观和存在的原因，是企业长期不变的信条，如同把组织聚合起来的黏合剂，核心信仰必须被组织成员共享，它的形成是企业自我认识的一个过程。核心价值观是一个企业最基本和持久的信仰，是组织内成员的共识。未来前景是数据资产管理未来 10～30 年欲实现的宏大愿景目标及对它的鲜活描述。使命是数据资产管理在企业发展中所应担当的角色和责任；使命不仅要回答数据资产管理是做什么的，还要回答为什么做，为目标的确立与战略的制定提供依据，一方面可以指导企业优化资源配置；另一方面可以使员工明确数据资产管理的真正意义，激发员工的工作积极性。战略目标是愿景的具体化，要进一步确认数据资产管理的目的，要具体设定企业数据资产管理所要达到的定性及定量目标。战略目标是数据资产管理整体发展的根本方向，作为一种长期性的目标，具有一定的内在稳定性，只有在内部、外部环境出现重大战略性改变后才可以进行修正。

（3）规划业务组合。业务组合管理的目的是最大化利益相关者的价值，在愿景、使命和战略目标的指导下，管理者必须规划业务组合，组成数据资产管理的业务和产品的集合。公司业务组合规划涉及两个步骤：第一，公司必须分析当前业务组合，并决定哪些业务应该得到更多的支持，哪些业务应该减少投入或者不再投入，明确各项业务之间的协同效应，进而确定业务构成。第二，制定长期业务组合战略，以构建未来的业务组合。

（4）制定财务规划方案。在业务组合规划完成后，企业需要进行财务规划。财务规划是对企业财务活动的整体性决策，其着眼点不是当前，而是未来，是立足于长远的需要对企业财务活动的发展所做出的科学判断。它在日常财务活动中主要表现为几个特性：一是全局性。财务规划是以整个企业的筹资、投资和经营管理的全局性为对象，根据企业长远发展需要而制定的。它是从财务的角度对企业总体发展战略理论所做的描述，是企业未来财务活动的行动纲领和蓝图，对企业的各项具体财务工作起着指导的作用。二是长期性。制定财务规划不是为了解决企业的当前问题，而是为了谋求企业未来的长远发展。因此，财务规划一经制定就会对企业未来相当长时期内的财务活动产生重大影响。三是风险性。由于企业的经营环境总是在不断变化，因此，企业的财务规划也伴随着一定的风险。财务规划风险的大小，取决于财务决策者的知识、经验和判断能力。科学合理的财务规划一旦实现，会给企业带来勃勃生机，使企业得到迅速发展；反之，也会给企业造成一定的损失，使企业陷入财务困境。四是适应性。现代企业经营的本质，就是在复杂多变的环境中，促成企业外部环境、内部条件和经营目标三者之间的平衡关系。财务规划把企业与外部环境融为一体，通过分析、评估等手段尽最大可能避免企业财务管理中所出现的问题,增强企业对各种复杂因素的适应性。

（5）战略实施计划是指为保障战略目标的实现,对战略实施过程中的主要工作、人员职责及具体时间所进行的计划和安排。战略实施计划使战略的实施有一个总体控制的基础,确保战略规划得以实施;也可使企业中的各级管理层明了自身在企业战略目标实现过程中所充当的角色,并提供了对战略落实好坏表现进行考评的依据。

数据资产管理是否与企业发展战略相吻合也是衡量数据资产管理体系实施是否成熟、是否成功的重要标准。企业要在发展战略框架下,建立数据资产管理的战略规划,包括企业高层领导对数据资产管理的重视程度、所能提供的资源、重大问题的协调能力,以及对企业数据资产管理文化的宣传推广、培训教育等一系列的措施。

第二节　健全数据资产管理组织架构

一、明确责权目标,优化管理组织

数据资产管理最重要的成功要素之一就是重视组织管理的作用,将责权利清晰化。数据资产管理是一个非常典型的业务部门和IT 部门紧密结合的项目,其最大的挑战不是来自技术,而是理念和思路,这与企业的组织、人员、流程紧密相关,构建、执行一个有效的数据资产管理组织框架是成功的关键。数据资产管理的核心目的是有效综合运营数据以服务企业,让数据成为利润中心的一部分,这离不开组织管理。

数据资产管理的组织包括制度组织和服务组织。制度组织主要负责制定数据资产管理制度。这些组织是跨职能的，企业通常需要建立数据资产管理委员会、数据资产管理制度团队等组织，负责整体数据战略、数据政策、数据管理度量指标等数据资产管理规程问题。比如成立"数据管理办公室"，将其作为数据资产管理的执行机构；建立数据管理的三层组织体系，包括决策层、管理层和执行层。与政府部门和机构一样，制度组织执行类似于行政部门的职责。数据服务组织主要是由数据资产管理的专业人员组成，包括数据架构师、数据质量分析师、元数据管理员等，主要执行数据资产管理各个领域的具体实施工作。数据资产管理组织要明确组织架构、组织层次和组织职责。

（1）组织架构。有效的组织架构是数据资产管理成功进行的有力保证，为了达到数据资产管理预期目标，在数据资产管理开始之前对组织及其责任分工做出规划是非常必要的。数据资产管理涉及的范围很广，牵涉到不同的业务部门和科技部门，是企业的全局大事，如何成立以及成立什么样的组织应该依据企业本身的发展战略和目标来确定。

（2）组织层次。建立由高层领导者组成的数据资产管理委员会，组织跨业务部门和 IT 部门的协调工作，规划数据资产管理的总体方向，并在其下设立不同的工作组，执行数据资产管理计划和监督数据管理工作。不同的组织层次应该发挥不同的职责和职能，建立合理的组织层次有利于快速推动数据资产管理工作的开展。

（3）组织职责。根据数据资产管理工作的实际需要，在业务部门、技术管理部门和业务应用部门间要确定各个工作人员的职责。不同的组织负责的职责不尽相同，例如不同的业务部门应该明确各自业务开展对数据的具体要求和相关规则，而技术部门则会根据业务部门的需求负责具体的实施工作，包括将业务部门提出的要求转化成技术语言，用于事前的控制（如字段的约束）、事中的逻辑控制（例如控制不能为空）、事后的核查，以及具体的技术操作和编制定期的报告等。

二、重视人才管理，完善人才队伍

人力资源是一种战略性资源，是企业最主要的生产要素，人力资源管理是企业可持续发展的关键所在。面对新经济时代，人工智能、物联网、新一代移动通信、智能制造、空天一体化网络、量子计算、机器学习、深度学习、图像处理、自然语言处理、4K 高清、知识图谱、类脑计算、区块链、虚拟现实、增强现实等前沿技术正在大数据的推动下蓬勃发展，企业能否顺利开展数据资产管理，取决于企业如何创新人才管理机制和破解人力资源建设问题。建设一支适合企业数据资产管理需要的、素质高、数量多、复合型的高层次人才队伍已成为数据资产管理工作中刻不容缓的首要任务。

首先，在人才招聘方面，要创建层次丰富的招聘渠道。一是加强与高等院校建立合作关系，推动"产、学、研"联合，建立产教融合、校企合作的引才模式；二是通过网上公开招聘、校园招聘和内部招聘等方式，通过多个渠道选拔优秀人才，满足企业对优秀的数据资产管理人才的渴求。

其次，在人才激励方面，要完善薪酬激励制度体系。根据个人贡献大小，适当拉开分配档次，不断完善奖励制度，确保内部公平；观察市场总体行情，确保员工所获报酬不低于劳动力市场上类似岗位的市场平均薪酬水平，提高薪酬水平的竞争性，吸引优秀人才。绩效是劳动者在特定时间内的可描述的工作行为和可衡量的工作结果，是员工激励的重要方法。针对数字资产管理领军人才，企业可设计年薪制、协议薪酬制、专项特殊奖励，探索实行股权激励、超额利润分享和岗位分红等原企业高管采用的绩效激励方式，体现对高素质技能人才的突出奖励倾向。

再次，在人才应用方面，岗位设置在企业数据资产管理中具有非常关键的作用，它不仅有利于优化人力资源配备，而且有利于企业的发展壮大。从岗位设置过程的角度来看，数据资产管理各岗位的形成是一个组织设计、再造、变革和发展的综合性过程。企业要按照"年轻化、知识化、现代化，公开招聘、竞聘上岗、择优聘用，能者上、庸者下"的用人制度进行岗位设置，根据人才队伍建设的实际情况，合理调整岗位的结构比例，对具有数据资产管理能力的人才，探索使用特设岗位予以聘用的方式来进行岗位设置，建立公平、公正、公开的内部晋升机制，提供更多的发展空间，逐步建立起科学设岗、统筹管理和动态调整的岗位管理机制，逐步建立健全包括管理型人才和技术型人才的适应数据发展的人才结构，减少工作推进的阻碍。

最后，在人才培训方面，培训是指组织为开展业务及培育人才的需要，对员工进行有目的、有计划地培养和训练的管理活动。其目标是使员工不断地更新知识，开拓技能，改进员工的动机、态度和行为，适应新的要求，更好地胜任现职工作或担负更高级别职务，从而促进组织效率的提高和组织目标的实现。培训工作体制和机制的好坏，对企业数据资产管理队伍建设具有根本性、全局性和长期性的影响。企业应从数据资产管理的总体战略出发，制定科学化的人才培养方案，建立系统的人才培训体系，不仅要经常性、长期性地开展培训教育工作，还应积极研究探索，把控好培训工作的时机；根据企业员工的具体情况以及具体特点，设定特定的人才培训内容，更有针对性地开展培训，对现有人员的数据资产管理能力做全面的培养提升；借助第三方行业组织和机构，开展人才培训，提高数据资产管理技术和业务人员总体水平。

数据资产管理不是一两个人的事情，它涉及企业全员团队。数据资产管理人才队伍建设的过程，本质上是一个数据思维培养的过程，是一个全员人才培养的过程。如果企业高层缺乏数据资产管理能力，就无法从战略的高度，理解数据资产管理的价值和意义，也将失去开拓数据资产管理战略新方向的能力；如果业务团队缺乏数据资产管理能力，就无法把错综复杂的业务问题，转换成为技术团队擅长的数据可分析问题；如果技术团队缺乏数据资产管理能力，就无法准确理解业务需求，无法设计正确的数据产品。企业各个岗位的员工、管理者都需要深谙数据资产管理之道，并在各自的业务实践中，自觉（甚至不自觉地）寻找可以彰显数据资产管理的业务机会，企业的全体员工团队，从上到下，都需要有数据资产管理的思维和能力。同时，企业要创造环境积极引进和培养数据资产管理人才，探索"不求所有、但为所用"的新型人才队伍建设模式。

第三节 高效推动数据资产保值增值

一、着眼业务应用，建设统一平台

数据资产化进程给各类企业带来创新、颠覆和重塑，企业应重点关注、顺势而为，建立起符合自身业务和数据特点的数据资产管理体系和能力。数据资产管理工作人员不能只局限于数据资产管理工作，还应紧密联系业务。数据资产管理离不开结合自身业务与应用。企业只有明确了前端业务需求，才能做到数据资产管理过程中的有的放矢，张弛有度，合理规划。对于覆盖多个业务领域的企业来说，统一各个业务领域的数据资产管理，有利于发挥企业业务之间的协同效应。数据资产具有跨业务、跨部门、贯穿多个业务环节、涉及多个信息系统的特点，数据资产的管理方式要结合企业业务管控的需要，着眼于企业业务应用的要求。

数据作为新的生产要素的重要性已成为行业共识，但企业的数据资产管理仍然普遍面临着重重困难：数据资源散落在多个业务系统中，企业管理者和业务人员无法及时感知到数据的分布与更新情况，也无法进一步开展对数据的加工工作；数据孤岛普遍存在导致业务系统之间的数据无法共享，资源利用率降低，降低了数据的可得性。因此，为解决上述诸多问题，必须建设数据资产管理统一操作平台，健全数据管理体系，实现数据的统一、集中和规范管理，服务于企业一线业务人员、数据分析及决策人员、数据管理及运维人员，推动数据战略落地，赋能企业更高效运营。通过数据资产管理平台系统为企业提供完整的数据管理功能，实现数据编码、发布、清洗、整合、共享、治理等功能，并实现数据的创建、编辑、导入导出，以及与其他应用系统之间的数据集成等功能协同，打破竖井，使应用与平台解耦、与数据分离，提高数据开放能力，降低管理和运维难度。使用数据资产管理平台可以采用统一的规则和口径实现协同管控一体化，保证数据的时效性及准确性，自动化地获取整个企业的数据业务含义，帮助理解数据。提供标准编码管理体系，统一编码体系结构，规范编码的设置、审批、发布、维护工作程序，保证编码的便捷性、完整性、有效性、正确性、适应性、可扩展性。

数据资产管理统一平台的建设与业务应用要相结合，避免出现重平台建设轻平台使用的现象。数据资产管理统一平台的运营体系相当复杂，平台建设的模式和路径没有固定模式，需要发挥主观能动性，因地制宜，挖掘优势，突出特色，为数据决策提供有力的支撑。

数据资产管理统一平台的建设与运营须有相应的配套保障机制，并充分发挥保障机制的导向作用和支撑作用，以确保平台规划建设协调一致和平台整体效能的实现。如建立数据资产管理机制，明确数据内容的归口管理部门、数据采集单位和共享开放方式；建立数据资产管理统一平台运行管理机制，明确平台使用中数据、流程、安全等各项内容和管理标准，保障平台持续稳定运行。

最后，企业数据主管部门应制定平台长效运行机制和考评办法，建立完善的上报、检查、考评机制，设计量化考核内容和标准，加强平台数据质量管控，管好用好数据资产管理统一平台。加强对数据资产管理统一平台项目的后续评价和项目稽查，强化对数据资源建设以及数据共享开放、数据质量和安全的审计监督。科学构建数据资产管理统一平台综合评价指标体系，开展数据资产管理统一平台建设成效综合评价工作，引导数据资产管理统一平台建设工作，不断提升数据资产管理统一平台建设应用成效。

二、合理引进技术，释放数据价值

数据的价值体现在决策精准、敏锐洞察，数据资产管理能够使管理流程化、规范化，结合业务应用的数据资产管理不仅使数据保值增值，还将会给企业带来更加巨大的经济效益和社会效益，但其应用的成功与否还是要取决于企业数据资产管理的能力。以数据融合技术为战略资产的商业模式，可以决定企业未来走向。

数据在实现价值的过程中需要充分依托技术，帮助企业梳理数据内容，高效检索展示。数据资产管理的技术架构分为五个层级，底层是源数据，主要有互联网数据、系统日志数据和内部数据库；第二层则是数据采集环节，主要针对三大源数据有不同的采集技术；第三层是存储环节，包括结构化数据存储和非结构化数据存储技术；第四层则是数据处理技术，主要由数据挖掘技术和数据治理技术构成；第五层则是数据应用技术，包括商业智能分析、数据集成、可视化、营销变现等相关技术。企业在技术架构支撑下，实现贯穿于产品设计、生产、管理、仓储、物流、服务等全部流程和环节的数据采集、存储、管理和分析，实现数据的自动盘点，利用嵌入式工具完成对数据全生命周期的管理，从数据中挖掘出其中的隐含价值，达到提升生产效率、提高产品质量、增强管理能力、降低生产成本等目的，提升企业生产力、竞争力和创新力。

在实现数据资产管理的过程中，企业应根据自身实际情况，避免盲从，合理引进创新技术以提高数据挖掘准确性和挖掘效率，节省人力成本。从策略上看，数据资产管理既要兼顾长远目标又要考虑短期效果，建议选择与有长期服务及数据资产管理能力的厂商持续合作，因为其能从产品、技术、咨询、实施等各角度提供全面的长期支持。

未来在数据资产管理过程中要加强对区块链、数据安全等技术的研究，采用 AI、NLP、知识图谱等新技术，创新解决数据管理和数据应用的双重难题，帮助企业全局掌控自有在线及离线数据资产，实现数据资产的价值发挥；采取机器学习等自动化技术，将数据准备时间和交付项目的时间缩短，提升数据获取和服务效率，加快数据价值释放；采取标签体系和自然语言处理等智能化技术，在保证数据信息安全的前提下，积极拓展新技术实践和业务场景的应用，为实现数据资产价值化、资产化，释放数据赋能效应奠定基础。

第四节　全面注重数据资产风险管控

一、规范管理流程，提高数据质量

数据质量直接影响数据的产出和数据价值的高低。因此，数据质量的管理对于企业决策、战略水平和业绩提升至关重要。低质量的数据对任何组织来说都是代价高昂的。尽管估计值不尽相同，但专家认为，企业在处理数据质量问题上的支出占收入的 10%～30%。伴随着技术和商业的发展，大量自动采集的数据进一步拓展了数据集的容量。数据量大，意味着数据结构更加复杂，数据中包含的特征和实例更多，更容易出现各种脏数据、缺失数据等，这无疑给构建高质量的数据集（数据库）带来更大的难度。用户在使用过程中，问题出现的概率会更大，这对数据质量的提升和管理提出了新的课题。而在企业中，数据质量相关问题很突出，容不得犹豫和拖延，所以在实施操作上，小步快跑、以点带面的短线操作更符合各企业现状。

第一，明确业务需求并从需求开始控制数据质量。要想真正解决数据质量问题，改进和提高数据质量，必须从产生数据的源头开始抓起，从需求开始。企业往往在定义清楚业务需求后忽略对数据质量的控制，而只对已经产生的数据做检查，然后再将错误数据剔除，这种方法治标不治本，不能从根本上解决问题。企业需要从数据源头提升对数据质量的控制，将数据质量的控制从需求开始集成到分析人员、模型设计人员与开发人员的工作环境中，让大家在日常的工作环境中自动控制数据质量，在数据的全生命周期中控制数据质量，从业务出发做问题定义，由工具自动、及时发现问题，明确问题责任人，通过邮件、短信等方式进行通知，保证问题及时通知到责任人；跟踪问题整改进度，保证数据质量问题全过程的管理。

第二，建立数据质量评价体系。按照数据质量维度对数据质量进行评估，通过建立数据质量评价体系，对整个流通链条上的数据质量进行量化指标输出，后续进行问题数据的预警，使得问题一出现就可以暴露出来，便于进行问题的定位和解决，最终可以实现在哪个环节出现就在哪个环节解决，避免了将问题数据带到后端及质量问题扩大。

第三，落实数据质量信息监控与检核。数据质量问题检核是保证数据质量的关键，前面两步梳理了业务需求，制定了数据质量评价体系，之后就要建立一套切实可行的数据质量监控体系，设计数据质量检核规则，形成覆盖数据生命周期的数据质量管理；在数据质量问题检核时，要将业务度量规则转换成 IT 系统可以执行的检核方法。通过调度检核任务，对生产数据进行检核，生成检核结果。数据质量的提升并不是一蹴而就的，不是做一次数据整改就能解决所有数据质量问题，而是需要通过数据标准和数据质量建立起完善的数据质量管控体系，在各个环节进行监控，定期检查数据质量，确定解决方案，并加以改进。

数据质量管理是企业数据资产管理一个重要的组成部分，企业数据资产管理的所有工作都是围绕提升数据质量目标而开展的。要做好数据质量的管理，应抓住影响数据质量的关键因素，设置质量管理点或质量控制点，从数据的源头抓起，从根本上解决数据质量问题。对于数据质量问题采用量化管理机制，分等级和优先级进行管理，严重的数据质量问题或数据质量事件可以升级为故障，并对故障进行定义、等级划分、预置处理方案和 Review。量化的数据质量使得我们可以通过统计过程控制对数据质量进行监测。一旦发现异常值或者数据质量的突然恶化，便根据数据产生的逻辑顺藤摸瓜找到产生数据的业务环节，对业务进行完善，真正地做到有的放矢。

随着数据集成的深度和广度迅速加大，数据质量面临巨大挑战。但积极的一面是，尽管组织所处的环境在变化、遇到的新问题在涌现，但对应的研究也在继续，新的知识被发现，新的技术得以开发和应用。比如数据挖掘技术的不断深化和推广应用，尤其是在数据清洗和数据预准备环节中的数据处理技术，在改善数据质量和解决数据质量问题时都起到了很好的作用。

二、加强数据合规，及时风险防控

作为生产要素，数据的需求与应用日益广泛，数据要素价值的释放路径更加多元，但无论是组织内部的数据应用还是组织间的数据流通，数据面临的安全风险也随着其价值的逐步凸显而更加突出。一方面，数据应用的复杂性和数据分析挖掘的多样性增加了数据权属管理和抵御安全攻击的难度；另一方面，越来越多的跨组织间数据流通进一步加速了数据被盗用、误用、滥用的安全风险。近年来，数据安全事件层出不穷，使得数据资产管理中的数据安全问题成为各界无法忽视的焦点问题。

大数据时代，数据作为一种特殊的资产，能够在流通和使用过程中不断创造新的价值，数据生命周期由传统的单链条逐渐演变成为复杂多链条形态。因此，在大数据应用场景下，数据流动是"常态"，数据静止存储才是"非常态"。同时，可以预见到，未来大数据业务环境将更加开放，业务生态将更加复杂，参与数据处理的角色将更多元，系统、业务、组织边界将进一步模糊，导致数据的产生、流动、处理等过程比以往更加丰富和多样。数据的频繁跨界流动，除可能导致传统的数据泄露风险外，还会引发新的安全风险。特别是在数据共享环节中，传统数据访问控制技术无法解决跨组织的数据授权管理和数据流向追踪问题，仅靠书面合同或协议难以实现对数据接收方的数据处理活动进行实时监控和审计，极易造成数据滥用的风险。数据应用场景和参与角色愈加多样，在复杂的应用环境下，保证企业机密数据以及用户个人隐私数据等敏感数据不发生外泄，是数据安全的首要需求。

中国信息通信研究院的《2018—2019 年度金融科技安全分析报告》显示，针对客户资料与企业重要业务数据的安全事件是金融机构发生频率最高的风险事件，占比 44%。随着监管部门对数据安全和个人隐私保护日益重视，在强监管态势下，如何保障数据安全及合规使用，已成为当前亟须解决的问题。

企业需要制定相关制度来保障数据安全，采取补救措施消除数据安全风险，上报数据安全事件。所谓的风险防控，便是在发生风险的关键节点，设计出有效的控制方式，避免风险的实际发生，或将风险控制在可接受的范围内，以使企业持续、健康、稳定发展。企业在进行数据资产管理的过程中，要综合考虑困难及挑战，并全面管控风险，要基于行业模型、行业标准等积累完整、准确的内外部数据以保证数据合规性，进而规避风险。数据资产管理是一项持之以恒的工作，不可能一蹴而就，需要一个循序渐进的过程分阶段进行，要做好充分的长期作战准备，加强数据合规操作，避免安全漏洞。

在数据资产管理过程中，要落实等级保护、安全测评、电子认证、应急管理等基础制度，建立数据采集、传输、存储、使用、开放等各环节的安全评估机制，明确数据安全的保护范围、主体、责任和措施；建立集中统一、高效权威的数据安全风险报告、信息共享、监测预警机制，加强数据安全风险信息的获取、分析、研判、预警工作；加强数据安全防护，数据安全防护是指数据资产管理为支撑数据流动安全所提供的安全功能，包括数据分类分级、元数据管理、质量管理、数据加密、数据隔离、防泄露、追踪溯源、数据销毁等内容；研究制定数据权利准则、数据利益分配机制、数据流通交易规则，明确数据责任主体，加大对技术专利、数字版权、数字内容产品、个人隐私等的保护力度；强化大数据安全技术研发与推广应用，提升网络安全风险防范和数据跨境流动监管水平；建立健全信息披露制度，研究制定数据应用违规惩戒机制，引进第三方专业机构开展数据应用合规性的监督和审计，加强流通环节的风险评估，加强对数据滥用、侵犯个人隐私等行为的管理和惩戒力度。建立面向企业的数据安全备案机制，提升数据安全事件应急解决能力，发生数据安全事件时，有关主管部门应当依法启动应急预案，采取相应的应急处置措施，防止危害扩大，消除安全隐患，并及时发布警示信息；建立数据跨境流动风险防控机制，加强跨境数据流动监测和业务协同监管；强化关键领域数字基础设施安全保障，切实加大自主安全产品采购推广力度，保护专利、数字版权、商业秘密、隐私数据。

第五节 探索数据资产管理迭代优化

一、推进智能管理，创新管理模式

随着数据量的高速增长，大多企业数据逐渐以大规模、超大规模为主，大量的数据和复杂的系统为数据资产管理带来了挑战。数据来源和形式的多样化，意味着各种格式、标准的数据被高速获取，如何对这些数据进行高效管理，形成标准化、格式统一的高质量数据集（数据库）是大数据时代对数据质量管理的更高要求。

数据高速获取和使用，意味着需要更强大的计算机系统支撑数据采集、整理、存储和使用，高速运行的计算机系统会面临更大的系统崩溃、系统运行缓慢的问题；高速使用，意味着需要实时处理数据，例如高速的数据清理等特征工程手段的使用，需要更强大快速的 AI 算法的支撑。

智能化的数据资产管理模式通过对 IT 设备和数据资产的在线监控、管理，节省大量的时间、人力和费用，让企业更加专注于上层业务。在人工智能、云计算的快速发展下，部分管理平台如 DMaaS，将基础设施管理与 IT 设备管理集成，运用大数据分析和机器学习等算法可实现有效预测和防止数据资产管理发生的问题和故障，缓解资产管理效率低下和能力不足的问题，提高数据资产管理质量。实现主动式分析与预警、精细化监测与管理、合理化规划与决策，为管理者数据资产管理优化提供有力依据。将机器学习、算法处理等智能化技术引入数据资产管理与运营中，提供了智能搜索、智能推荐等服务，降低了数据使用门槛，支撑业务个性化、场景化的业务创新。通过智能化算法进行分类，将行业模型和知识图谱应用到企业的数据发现过程中，自动盘点数据，改善用户体验，真正实现数据资产管理一站式管理。

随着数据资产管理规模不断攀升，越来越多的基础设施设备需要日常维护和管理，传统做法是人工定期巡视，对于关键设备需有专人 24 小时值班巡检。人工投入大、成本高、效率低、可靠性差是众多企业数据资产管理面临的共同问题。智能运维机器人能 24 小时不间断地巡逻数据资产管理情况，收集环境数据的同时，还能实时读取主要设备的异常情况并自动报警，大幅提升巡逻的可靠性和规范性，降低劳动强度、提高运营效率、降低运行维护成本。未来通过优化智能运维机器人智能巡检、深度学习的能力，将逐步实现以智能机器人辅助人工巡检甚至替代人工巡检，形成"智能化管理平台+智能机器人+专业工程师"的三道运维安全防线。

因此，在未来的数据资产管理中要不断创新管理模式，依托人工智能和大数据技术，建立数据智能监测管理系统；运用统计学、模式识别、机器学习、数据抽象等数据分析工具，融合机器学习、大数据分析、文档加密、访问控制、关联分析、数据标识等技术，持续赋能企业实现数据资产管理智能化转型；研发大规模分布式计算、海量数据分布式存储和管理等技术，推动传统数据资产管理云化转型；整合数据管理工具和技术，实现多源异构数据的智能清洗与识别，建立海量数据的智能数据组织结构，从而实现多源异构数据的标准化和常态化，实现数据共享和流动；加快推进智能运维、智能管理等技术研发，提升数据资产管理智能化水平，降低运营成本；加强新一代信息技术对数据中心规模、建设模式以及处理能力影响的研究和预测，顺应新技术发展要求，合理引导承载新一代信息技术的云数据中心及边缘数据中心建设；加快对高密度数据中心、边缘数据中心以及新技术的研究，完善网络基础设施建设，做好下一代数据资产管理的规划布局，满足新一代信息技术对数据资产管理的新需求。

二、灵活适应变化，不断调整完善

当前，全球信息技术创新进入新一轮加速期，5G、人工智能、VR/AR 等新一代信息技术和应用快速演进，对数据资产管理的各方面产生重要影响。从规模来看，5G 和物联网将带动数据量爆炸式增长，引领数据数量猛增，带动数据资产管理规模持续高速增长。从性能来看，新型技术及应用需要海量计算、存储、分析以及灾备等能力，对数据资产管理提出更高要求，如高性能计算设备和 GPU 服务器的使用。随着三网融合、移动互联网、云计算、物联网的快速发展，数据的生产者、生产环节都在急速增加，随之快速产生的数据呈指数级增长，一步到位建立一套完美的数据资产管理体系是很困难的。主要原因是业务需求会随着市场环境不断变化，技术手段也在不断革新，因此数据资产管理体系不是一劳永逸、一蹴而就的，需要建立一个小步迭代的数据资产管理循环模式。

在管理制度层面，需要制定有利于业务人员、技术人员积极为数据资产管理体系循环迭代完善建言献策的方法和制度，进而促使数据资产管理体系在实践中日趋成熟。

在技术平台方面，要借鉴 DevOps 的理念，促进开发、技术运营和质量保障部门之间的沟通、协作与整合，确保数据资产管理系统平台持续、健康地为数据资产管理体系服务。

当前，在以数字化、网络化、智能化、云化为特征的信息文明时代，数据资产已经成为比石油和矿产价值更高的战略资源。在"云大物移"技术蓬勃发展的新形势下，数据资产管理的未来未知远大于已知，政府、行业、企业都仍在探索之中，后续还有更长的路要走。各方要在认真总结经验的基础上，更加坚定信心，继续努力推进数据资产管理建设和应用推广工作，为数字化战略实施做出应有的努力，为促进大数据与实体经济深度融合做出积极贡献。

参考文献

[1] 袁建国，周丽媛. 财务管理 [M]. 8 版. 沈阳：东北财经大学出版社，2024.

[2] 蒋麒霖，郭丹. 数据资产——企业数字化转型的底层逻辑 [M]. 北京：机械工业出版社，2024.

[3] 万龙，陈玮，孙佳宁. 财务管理创新与实践 [M]. 太原：三晋出版社，2024.

[4] 金震，王兆君，曹朝辉. 数据资产管理——体系、方法与实践 [M]. 北京：清华大学出版社，2024.

[5] 潘军. 科学技术哲学视野下数据确权与数据资产管理研究 [M]. 北京：知识产权出版社，2024.

[6] 金帆，冷奥琳. 大数据管理与应用系列教材——数据资产会计 [M]. 北京：机械工业出版社，2024.

[7] 辛小天，周杨，史蕾. 数据资产保护的合规要点与实务 [M]. 武汉：华中科技大学出版社，2024.

[8] 张宁. 数据资产管理 [M]. 广州：广东高等教育出版社，2023.

[9] 周开乐. 数据资产管理 [M]. 北京：清华大学出版社，2023.

[10] 窦巧梅. 大数据背景下的财务分析与管理研究 [M]. 北京：中

国商务出版社，2023.

[11] 郭东栋. ITPM——新时代管理者值得掌握的资产维护策略 [M].
北京：机械工业出版社，2023.

[12] 周崇沂，蒋德启. 数字化时代的财务数据价值挖掘 [M]. 北京：
机械工业出版社，2023.

[13] 尹万军. 企业财务管理数字化转型研究 [M]. 北京：中国商业
出版社，2023.

[14] 杨农. 金融数据资产账户估值与治理 [M]. 北京：中国金融出
版社，2022.

[15] 牟萍，赵万一. 数据资产运营中的法律问题研究 [M]. 北京：
法律出版社，2022.

[16] 石勇. 大数据治理（高级）[M]. 成都：西南财经大学出版社，
2022.

[17] 崔静，张群，王春涛，等. 数据资产评估指南 [M]. 北京：电
子工业出版社，2022.

[18] 张书玲，肖顺松，冯燕梁，等. 现代财务管理与审计 [M]. 天
津：天津科学技术出版社，2021.

[19] 钱晖，董海峰，纪明欣. 数据资产管理（初级融媒体版）[M].
北京：北京师范大学出版社，2021.

[20] 司亚清，苏静. 数据流通及其治理 [M]. 北京：北京邮电大学
出版社，2021.

[21] 张旭，陈吉平，杨海峰，等. 主数据管理——企业数据化建设
基础 [M]. 北京：电子工业出版社，2021.

[22] 魏石勇，林立伟，林政德，等. 财务金融大数据分析 [M]. 北

京：中国水利水电出版社，2021.

[23] 张治侨，谭畅. 数据资产的价值构成与估值局限性研究[J]. 商业经济，2021（6）：81-82.

[24] 李雨霏，刘海燕，闫树. 面向价值实现的数据资产管理体系构建 [J]. 大数据，2020（3）：45-56.

[25] 祝守宇，蔡春久. 数据治理：工业企业数字化转型之道[M]. 北京：电子工业出版社，2020.

[26] 杜鸣皓. 轻资产时代 [M]. 杭州：浙江大学出版社，2020.

[27] 赵惟，刘权. 数字资产 [M]. 北京：人民邮电出版社，2020.

[28] 陈一. 我国大数据交易产权管理实践及政策进展研究 [J]. 现代情报，2019（11）：159-167.

[29] 陈宣君. 财务管理 [M]. 成都：西南交通大学出版社，2019.

[30] 王汉生. 数据资产论 [M]. 北京：中国人民大学出版社，2019.